養生保健
系列 2

益生菌是最好的藥

最新增訂版

戰勝疾病，發現益生菌最驚人的力量

馬克・布魯奈克博士（Dr. Mark A. Brudnak）著
王麗 譯

緒論　人類健康的新遠景

很多人都認為「病從口入」，這句話雖然沒錯，但並不完全正確。真相的全貌應該是：「健康來自體內微生態的平衡」。

人體內的細菌多達上千億個，有益菌群與有害菌群的數量維繫人體微生態的平衡。菌群平衡對人體的營養狀態、生理功能、細菌感染、藥理效應、毒素反應、免疫反應、衰老過程都有影響。也就是說，體內菌群平衡與上述生理參數息息相關。所以，一旦體內失調，疾病就會趁虛而入。

因此，有多少導致身體失調的因素，就有多少引發疾病的原因。例如，當體內有太多致癌物質，這種失調就會導致癌症。若體內有太多膽固醇，就會引

發冠心病。如果體內有太多毒素，就會導致腹瀉。例子多得不勝枚舉。然而，只要我們仔細觀察每種疾病，就會發現其中有失調現象。這就是自然法則。

一些醫學機構的報告顯示，大多數人去看醫生，多是由於腸胃問題。若仔細分析這個狀況，就可以發現，現代社會，大家都食用了大量加工食品。事實上，美國人平均百分之九十的飲食都是加工食品。這些食品含有大量的有害物質，如漂白過的麵粉、人工色素和香精；像全麥、維生素和礦物質這類對身體有益的成分，卻少之又少。結果自然會導致身體機能失調——疾病遲早隨之而來。如果我們要讓自己和家人都健康，勢必要讓身體恢復平衡，回復到一如剛出生時的天然狀態。

人剛出生時，整個生理系統是很完美的。當然，某些部分還沒有完全成形，但是從生命角度來看，新生兒是地球上最健康的人。因為生活環境受到污染，我們也慢慢地開始喪失原有身體調和的狀態。有時這個平衡喪失得很快，我們會感染上腹瀉這類的疾病。但在一般情況下，失調的過程很緩慢，而潛藏的疾病將一步步襲擊我們。只有在我們年紀較長之後，才會發現這些疾病早在童年時，就有徵兆。

隨年齡漸增，這些由飲食吸收不良（poor diet）和環境毒素引起的反應就開始顯現，我們因此罹患各種疾病，如關節炎、癌症、心臟病、糖尿病、失智症等。甚至有些疾病已經嚴重蔓延到孩童身上。例如，罹患第二型糖尿病的青少年病例劇增。自閉症患病人數也同樣在過去十年中迅速增加。這種病在過去很罕見，大概是一萬個孩童中，有一人罹患此病。但是現在，每二百個孩子中就出現一個自閉症患者。這樣的變化實在令人震驚。歸根究柢，就是因為身體失調了。

別懷疑，這是一場戰爭！這種潛在的因果關係不僅僅影響到你，還影響到你的家庭。你和你的孩子、丈夫、妻子、父母、祖父母，一起站在最前線。每個人體內的戰事一觸即發。我們的敵人看不見又難纏，邪惡的勢力隨時準備入侵我們身體——它可能在任何一秒引爆生物原子彈，摧毀我們的性命。這個敵

人由致命的細菌所組成，即所謂的有害細菌，和被稱做病菌的病毒。

若不加以干涉，敵人最終會贏得戰役，打贏整場戰爭。你的生命、每個你所愛的生命，正處於危險中。但你還不必投降，在戰場上還有一道曙光，所以不要害怕！你可以領導正義的一方，派兵遣將，策劃一場反攻，拯救你的家人，取得最終的勝利。你手上握有最大的武器，這本《益生菌是最好的藥》，會教你如何反敗為勝。

就像消防隊員以火攻火一樣，你可以用好細菌打敗壞細菌。那些好的細菌被叫做「益生菌」，天生就存在於人體中。益生菌是你的朋友，你的武器，你獲得健康的關鍵，更是你用來對抗自然界中惡勢力的利器。益生菌是無畏的戰士，能幫助你戰勝病魔！

益生菌由各種友善的微生物組成。自萬物之初，它們就在幫助人類維繫生命。但人們真正把它們當做保護健康的武器，是二十世紀初才開始的。在俄國先鋒科學家艾里・梅契尼科夫（Elie Metchnikoff, 1845~1916）推波助瀾之下，

大家才有這個認知。他發現住在裏海山脈的保加利亞人都非常長壽。艾里在研究這些保加利亞人的文化之後，發現了其中的奧秘：這些保加利亞人都喝一種叫開菲爾（kefir）的發酵乳製品。這項發現促成了艾里的著作《抗老的長壽理論》，他也因此獲得了一九〇八年的諾貝爾醫學獎。書中的基本概念是：吸收大量的益生菌能夠減弱有害細菌的威脅，甚至可以消除有害細菌。

現在我們已經知道開菲爾中含有多種益生菌。開菲爾的傳統製法是把新鮮山羊奶先倒進一個大皮桶裡，然後把它懸掛於門口。當有人進出時，他們會輕輕地推一下這個皮桶，幫助攪動裡面的混合物，加速發酵過程。他們每天都倒一些出來喝，然後再倒進更多羊奶將皮桶填滿。透過這種方式，使生產不間斷。

這麼說來，大家都來喝開菲爾不就好了嗎？問題在於我們很難製作品質一致的開菲爾。科學家們曾試圖將益生菌從中分離，但是每次實驗的結果都不一樣。那麼我們該喝哪一批開菲爾呢？無從得知。即使選擇對了也純屬巧合。大

家都知道其中包含多種乳酸菌和酵母，但到底哪種對身體有好處呢？這還很難確定（我們將在後面的章節中繼續分析不同益生菌的好處和更多細節）。

很多人都沒意識到，就某種程度而言，食用優格這類產品其實就是回歸古早的生活方式了。優格跟開菲爾相似，但是優格還包含了很多其他有機體。兩者的主要不同點在於發酵時間的長短；特別是，只有經歷完整發酵過程之後的優格才可食用。

難道優格和開菲爾是益生菌唯一的來源嗎?當然不是。只要優格和開菲爾就可以促進你和你家人的健康嗎?當然也不是。請記住，這是一場戰爭，在所有戰爭中，數量才是決勝關鍵。一般商店裡有很多這類產品，如含有益生菌的牛奶和優格，但是與你和你的家人體內的有害細菌的數目相比，這類產品的益生菌含量還是過低。很多產品在製作之初會加入一些活性益生菌，但是在你食用時，大多數活性益生菌已經死了，因此這些產品完全起不了什麼作用。因為科學已經證明，要想戰勝有害細菌，益生菌得和有害細菌的數量旗鼓相當。

當然一些含有益生菌的補給品還是有用的。但是，最近的一些檢測，還是發現了部分不合格產品。很多產品中含有死去的細菌，還有部分產品貼錯了標籤，有些產品甚至含有可能致命的細菌！那你怎麼知道該買哪種產品，不該買哪種產品呢？

我用了一整章（第十章：選擇最好的益生菌）來講解怎樣選擇益生菌產品。坦白說，對於現代人來說，我們的文化一直在告訴我們要消毒殺菌，所以我們很難接受這種故意將細菌引入體內的做法。我們必需跨越這個障礙，明白有些細菌是健康和有益的，每次大量地攝取，能給身體帶來好處。

固然市面上其他產品，也能提供大量對抗疾病時所需要的活性益生菌。但我還是會在書中討論這些產品背後的理念，包括益生菌的類型（因為選擇什麼樣的益生菌將直接影響成敗）和存活性（或者說是在購買時，益生菌的活躍性）。在一至九章，我會討論之前提到的疾病，與益生菌所帶來預防和治療的影響。

人類現在正受到全球恐怖主義的威脅，特別是潛在生化攻擊的威脅，所以，能夠找到有益細菌來打擊有害細菌，無疑是一種安慰。目前已證明益生菌能戰勝一些很可怕的細菌，如桿狀菌或炭疽熱桿菌等。我們可以藉由益生菌數量上的優勢壓倒入侵者，將它們從我們的身體中驅逐出去。

《益生菌是最好的藥》就是你的戰鬥指南，你的戰旗，你的火炬和盾牌。因為它提供了所有你需要的訊息，不僅包括怎樣為自己和家人選擇適合的益生菌，還包括怎樣武裝你的部隊，如何選擇益生菌作你的盟友。當你集合好部隊準備奪回健康時，你必須知道敵人的方位，並制訂好作戰計劃。《益生菌是最好的藥》要告訴你怎樣打一場勝仗。

近來，我曾與哈里·普里斯博士（Dr. Harry G. Prenss）討論——他是喬治城大學的教授，主攻生理學、醫藥學和病理學，也是營養學領域的權威。值得一提的是，諾華製藥公司（紐澤西桑米市）、阿爾奈特健康技術公司（加州洛杉磯）和英特赫斯健康營養中心（加州貝寧卡市）等多家企業和機構都曾諮詢

過他，其諮詢內容包括益生菌的天性和目前的研究現況。在談論到益生菌的流行趨勢時，普里斯博士闡述了自己的看法：

> 在營養補品領域，使用益生菌的觀點還處於嬰兒期。隨著更多像《益生菌是最好的藥》這類書籍的出版，社會意識和接受度會逐漸提升，目前，我們還只處於益生菌運用曲線的最初階段。

我不能因此就抬高益生菌的重要性。如下更進一步引用達拉斯博士（《前列腺奇跡》、《反脂肪營養》等書的作者）的觀點：

> 所有物質都是經過腸胃道進出身體的，而不是通過肺或其他部位進出身體的。這樣說來，益生菌和其他補給品將直接影響腸胃道的健康，對整個身體的長期健康有重要的影響。營養的吸收很大程度上受

腸胃內微生物數量的影響，這種影響還會擴展到對鈣等礦物質的吸收，但是在一般情況下，我們感覺不到這些益生菌的作用。

《湯森醫患通訊》的主編約翰遜·柯林精闢地概述了我寫這本書的目的，那就是：

這本通過「同行評審」（Peer review）的著作告訴我們，人類對益生菌的研究還處於嬰兒期，然而它還在擴展。而且，看起來擴展速度似乎愈來愈快。現在大家明白益生菌可能會影響多種的神經症狀、酵母菌感染的疾病。科學家已經了解這一點，現在他們要做的，就是透過通俗作品，將訊息傳達給大眾。我們得認清事實，承認我們身體的內在和外在同等重要。舉個例子，我們都知道，只要在腸胃道內保存適當的益生菌種類和數量，我們就能夠對症下藥，如濕疹。《益生菌是最好的藥》就是向大家介紹這方面訊息。

最後，《營養保健品世界》雜誌的編輯麗貝卡・馬德萊，恰到好處地總結了益生菌的發展趨勢：

> 益生菌最終將隨著市場的認可而被廣泛接受。在接下來的幾年內，健康科學文獻的增加和與消費者的交流，會架構出一個更堅實的平臺，而益生菌即將登場。益生菌不但是預防和治療某些疾病的有力工具，還會定期維護腸胃道，在人類健康領域所扮演的角色，將益發重要。

目次

還可以有效降血壓，可以說，益生菌療法已成為對抗冠心病的神奇武器。

第3章 **益生菌為自閉症患者帶來新的希望** 069

益生菌為自閉症患者帶來新的希望：第一，攝取益生菌能夠修復腸漏，生成物理障礙，防止病原體侵入體內，促進身體的自我治療能力。第二，更為重要的是益生菌的排毒功效。它可以通過使用摩爾因子，將體內的有機汞轉化為揮發性的自然汞和無毒的無機汞，進而治療自閉症症狀。

第4章 **益生菌可以減緩失智症的症狀** 089

在一定程度上，益生菌能夠扭轉失智症的退化過程。攝入大量的益生菌，可將其中所含的酶吸收進循環系統，令許多有害成分（如肽）在囤積和生成血小板之前就被消化掉，而長期的血小板囤積正是失智症的主要病因。

益生菌不僅能減緩失智症的症狀，還能減緩人體衰老的進程，世界上少有的幾個長壽村的例子就證明了這一點。

統中益生菌的數量。

益生菌可以生成一種複合物，直接控制有害微生物；益生菌可以降低泌尿生殖系統的酸鹼值，抑制病原菌的生長；益生菌還可以生成氧化氫，後者會產生清潔作用。總之，益生菌療法可以有效治癒酵母菌感染。

第8章　益生菌可以改善大腸躁鬱症　159

疾病源自菌群的失衡。只要有一種病原細菌在腸中的數量增加，就會引發大腸躁鬱症。益生菌療法不僅可以趕走和殺死腸內的有害細菌，還可以改變腸胃道的酸鹼值，促使身體產生某種抗體（IgA），矯正身體對有害細菌產生的過度免疫反應，並消除發炎，還你一個健康的腸胃道。

第9章　益生菌可以減輕唐氏症症候群　173

唐氏症往往伴隨著某些腸胃道功能失調，包括胰腺不足、結腸擴張、脹氣等。腸道內的益生菌增多，不僅可以供給酵素來幫助食物消化，還可以生成一些保證身體健康的化合物（如丁酸鹽），修復腸胃道，減輕唐氏症的一些症狀。

第10章　選擇最好的益生菌

「天然的最好」，這句話不但適用在很多地方，也可以印證在益生菌的使用上面。既然已經學到很多關於益生菌有益健康的療效，我們現在也有很強的盟友，抵禦疾病與感染。當務之急是改變大眾對於細菌的觀感，並再次確認益生菌是好菌，對健康有益處。

191

第一章
益生菌
可以解決癌症問題

什麼是癌症？

癌症是統稱，指一群相互關聯的疾病，這些疾病是從生命最基本的單位——細胞開始蔓延的。簡言之，正常細胞所衍生的異常細胞，不受控制的生長，逐漸殺死最初部位或其他部位的細胞，造成癌症。要理解癌症，得先清楚正常細胞癌變時，會發生什麼狀況。

身體由多種細胞組成。正常情況下，只有當身體需要時，細胞才會生長和分裂。這種有秩序的過程，能幫助身體保持健康。儘管如此，有時候即使身體不需要新細胞，細胞也會分裂。這些多餘的細胞就形成了大量的組織，被稱做「細胞增生」或「瘤」。

腫瘤分良性和惡性兩種。良性腫瘤不會癌變，也不會擴散或危及生命。一般來說，它可以被摘除也不會復發。但是，惡性腫瘤會癌變。這類腫瘤的細胞不但異常，而且會在失控的情況下分裂。它們會入侵、摧毀周圍的組織和器

官，還會突破惡性腫瘤，進入血液或淋巴系統。於是，癌細胞便從最初癌變部位移到其他器官，形成新腫瘤；這個過程叫做「轉移」。

很多癌症都以它們最初癌變的器官或細胞類型命名。例如，從肺開始的癌症稱做肺癌，從皮膚中的細胞（即黑色素細胞）開始病變的癌症則被稱做黑色素細胞癌。

當癌症從最初癌變處擴散到身體的另一部位時，新的腫瘤還是擁有與原先腫瘤相同的異常細胞和名稱。例如，如果肺癌擴散到了大腦，大腦中的癌細胞實際上就是肺癌細胞。這種疾病稱做轉移性肺癌，而不是腦癌。

什麼原因引起了癌症？

我們能找出的癌症病源愈多，就愈有可能找到預防方法。在實驗室裡，科學家研究引發癌症的可能原因，並試圖找出當細胞癌變時的狀況。他們研究了

人類身上的各種癌症，試圖尋找危險因素，或者提高癌症發生機率的條件。此外，他們也在尋找防禦因素，或者能夠降低風險的東西。

雖然醫生很難解釋清楚究竟為什麼有人會得癌症，而有人不會，但是很明顯地，癌症並不是由碰撞和擦傷這類損傷引起的，而如果身體感染了某些病毒就會增加罹患某些癌症的機會。然而癌症是不會傳染的，沒有人能將癌症傳染到別人身上。

那麼，癌症是怎樣形成的呢？

癌症是許多複雜因素的組合，和生活方式、遺傳和生活環境都有關係，它會隨著時間慢慢形成。通過證實，很多因素會增加罹患癌症的機率（在下一章中我們將針對這些細節進行討論）。例如，很多癌症種類都與吸食煙草、飲食和過度暴露在紫外線下（UV）等有關；或縮小範圍來說，與生活環境和工作場所的致癌因子（或致癌物質）有關。有些人會比其他人對這些致癌因素更敏感，然而大多數的癌症病人都對這些致癌因子全然無所覺。值得一提的是，很

多被這些危險因素包圍的人反而沒有得到癌症。

有些危險因素是可以避免的，有些是不可避免的，如遺傳因素（比如，天生擁有白皙皮膚的人對紫外線特別敏感）。不過瞭解它們可以幫助我們隨時避開這些已知的危險因素，保護自己。

致癌危險因素

煙草　美國每年有三分之一的癌症病人死於抽煙、抽無煙煙草或吸食二手煙。這個國家中最可預防的致命因子，就是煙草。

吸煙導致百分之八十五的肺癌病人死亡。對吸煙者來說，他們吸掉的煙草量愈大、種類愈多，吸入的程度愈深，患上肺癌的機率就愈大。總之，一個每天吸一包煙的人患癌症的機率是不吸煙者的十倍。

吸煙的人比不吸煙的人更容易罹患的幾種癌症：口腔癌、喉癌、食道癌、

胰腺癌、膀胱癌、骨癌和子宮癌。吸煙還會增加罹患胃癌、肝癌、前列腺癌、腸癌和直腸癌的機率。當一個吸煙者戒煙以後，罹患癌症的危險性便開始逐年下降。使用無煙煙草產品，如嚼煙和鼻煙，可能導致口腔癌或喉癌，而一旦停止吸食，可能致癌的條件會慢慢消失。

無論是以哪一種形式吸入煙草，只要你想要戒煙，應該找醫生、牙醫或其他健康專業來諮詢，或加入當地醫院、慈善團體的戒煙團體。

研究顯示，不吸煙的人如果長期處在煙霧環境下（也被稱為「吸二手煙」），同樣有可能患上肺癌。

飲食　飲食在癌症發生的過程中扮演什麼角色呢？一些證據顯示，高脂肪飲食和某些癌症之間有一定的關聯，如腸癌、子宮癌和前列腺癌。嚴重肥胖可能會與老年婦女易患的乳腺癌有關，也可能與普遍的前列腺癌、胰腺癌、子宮癌、腸癌和卵巢癌有關。其他研究指出，吃一些含有纖維和某些營養成分的食物，會幫助預防某些癌症。

我們可以選擇健康的飲食，降低罹患癌症風險。營養均衡的飲食應包含豐富的纖維素和維生素，而且低脂肪。也就是說每天要吃大量的水果和蔬菜，多吃全麥食品和各種穀類食品，再配上少量的蛋類、低脂肪肉類和乳製品（如全脂奶類、全脂奶油和大多數的乳酪），還有油（如沙拉醬、人造奶油和食用油）。

飲酒也在癌症發生的過程中，扮演著重要的角色。酗酒者患口腔癌、咽喉癌、食道癌、喉癌、肝癌的危險性會更大。一些研究證明，即使是適度的飲酒也會增加患上乳腺癌的危險性。

大多數科學家認為，選擇健康的食物比補充維生素和吃礦物質補品更有效。

紫外線　紫外線會導致皮膚過早衰老，而皮膚的損害會導致皮膚癌。人造紫外線的來源體，如太陽燈和皮靴等，也會讓皮膚受傷，並有增加罹患皮膚癌的機率。

要想降低紫外線引起皮膚癌的危險性，最好少在正午時候（上午十點至下午三點）暴露在太陽下。還有一個簡單的法則，那就是避免在你的影子比身高短的時候暴露在太陽下。最好是戴寬帽沿的帽子，吸收紫外線的太陽眼鏡，穿長褲長袖加以保護。

除了避免曬太陽和穿保護性衣服外，抹防曬霜也是預防某些種類皮膚癌症的辦法。特別是那種具有反射、吸收，或分散二種主要紫外線（UVA或UVB）功能的，可以保護皮膚遠離皮膚癌。根據陽光保護因素或SPF（防曬系數），防曬霜可以分為幾個等級。SPF越高就越能保護皮膚不被曬傷。大多數人適用SPF在十二至廿九之間的防曬霜，但是還是要按照說明使用。一般而言，防曬霜可以隨時使用，尤其游泳玩水之後，就得再擦。即使防曬霜有保護功用，但仍不能完全阻絕陽光，或取代保護性衣物。

電離子輻射　X光照射、放射性物質、從外太空穿過大氣進入地球的光線和其他來源的電離子輻射會破壞身體細胞。達到一定量時，電離子輻射可能

會導致癌症或其他疾病。根據對二戰時期在原子彈爆炸中倖存下來的日本人所進行的研究，電離子輻射增加了白血病、乳腺癌、喉癌、肺癌、胃癌和其他器官癌症患病的機率。

一九五〇年以前，X光用於非癌變的治療，如胸腺腫大、扁桃體和扁桃腺腫大、頭皮癬和痤瘡等。頭部和頸部接受放射性治療的人，比一般人更容易罹患甲狀腺癌。有接受過這種治療的人都應該向醫生諮詢。

能夠破壞癌細胞的光線，同樣也能破壞人體的正常細胞。在接受這種治療之前，患者應該跟醫生談一談，X光線治療可能會引起第二種癌症的危險。這種危險的程度取決於患者在接受治療時的年齡，和接受治療的身體部位。

化學物質　長時間暴露在某些特定的化學物質、金屬或殺蟲劑等環境中，同樣會增加罹患癌症的危險性。石棉、鎳、鎘、鈾、氡、氯乙烯、聯苯胺類。例如聯苯胺類就是眾所周知的致癌物質。它們可以獨立發揮作用，也可以與其他致癌物質聯合作用，因此，若又吸煙，就會更容易罹患癌症。又例如，

工作時吸入石棉纖維會引起肺病，甚至是肺癌，要是工作者又吸煙，就更危險了。

荷爾蒙補充療法（HRT） 醫生可能會向病人推薦荷爾蒙補充療法——單獨使用雌激素，或者將其與黃體素聯合使用——用來控制女性在停經期出現的一些症狀（如潮熱和陰道乾燥）。研究表示，單獨使用雌激素會增加罹患子宮癌的危險性。因此，大多數醫生進行激素取代療法時通常會使用黃體素，再配上少量的雌激素，防止單獨使用雌激素時，常會出現的子宮內層的過度增生，黃體素能夠抑制雌激素對子宮的危害（單獨使用雌激素的藥方，只適用於做過子宮切除手術的女性，因為不會產生罹患子宮癌的危險）。其他研究顯示，長期使用雌激素的女性，罹患乳癌的危險性也會增加。還有一些研究表示，同時使用雌激素和黃體素的人罹患癌症的機率更高。

研究人員已對接受荷爾蒙補充療法的風險和好處進行研究，但還存在很多分歧。如果考慮接受激素取代療法，就應該儘量瞭解這些信息，並和醫生一起

討論這些問題。

己烯雌酚（DES）　己烯雌酚是一種人工合成的雌激素，在一九四〇年代開始使用，一九七一年被停用。有些女性在懷孕期間，會使用己烯雌酚防止某些併發症。但是在很多年後才發現，這樣做增加了她們的女兒患上某些特定癌症的危險性。受到己烯雌酚影響的女性，子宮頸和陰道中產生變異細胞的可能性會增加，罹患陰道癌或子宮頸癌的危險性會更大。母親使用己烯雌酚的育齡婦女應求醫，請熟悉己烯雌酚的醫生幫她做盆腔檢查。

使用己烯雌酚的孕婦，罹患乳癌的機率更大。再補充說明，她們必須向醫生講明她們接觸己烯雌酚程度。因為在還沒出生之前，她們的女兒因為暴露在己烯雌酚之下而罹患乳癌的可能性，似乎沒有增加。但是，我們還需要繼續追蹤研究，隨著年齡的增長，她們會進入乳癌發生的高峰期。

最後，有證據顯示，接觸過己烯雌酚的男孩可能會患有睾丸形態異常，例如，睾丸未降到陰囊，或睾丸異常地小。相關的研究尚在進行中。

家族史　癌症是家族遺傳嗎？與其他疾病相比，在某些特定家庭中的確更容易發生某種癌症——如乳癌、卵巢癌、前列腺癌和結腸癌。儘管如此，現在還不清楚，究竟這些特定的家族癌症是由遺傳引起的，還是由家族的生活環境或生活方式引起的，或者更單純、更簡單地說，只是一種偶然。

研究人員已經發現，癌症是由控制細胞增長和生死的基因變化（又稱基因突變）所引起的。大多數會引起癌症的基因突變，都是個人生活方式和環境造成的。但是也有一些是遺傳性的。有這種遺傳的基因變異並不代表一定會罹患癌症，只是說明罹患癌症的機率會更高一些。

腸內菌群與癌症

人體腸道內存在著十萬億個細菌。在這些細菌中，既有對人體健康有益的「好菌」（益生菌），也有對人體健康有害的「壞菌」（病原菌）。好菌和壞菌在

腸道內的比例是動態的，也非常敏感地反映著我們的健康狀態。

腸道細菌就像一個小小的化工廠，它們所具有的酶的數量比肝臟酶的數量還要多。它們將攝取的食物和體內分泌物分解成各種物質，其中包括許多有害物質和致癌物，像亞硝基胺、吲哚、酚類、二次膽汁酸等。

亞硝基胺　一般情況下，腸內細菌產生的胺和亞胺類物質被應用於肝臟解毒，但由於肝硬化、肝炎等疾病使肝功能無法正常進行解毒的話，問題就嚴重了。如果亞胺不能完全解毒，在腸道內會和亞硝酸鹽發生作用，形成強致癌物——亞硝基胺。

有研究證實，患有胃酸缺乏症或無胃酸的人得癌症的機率很高。由於沒有胃酸或者缺少胃酸，細菌就會趁虛而入，並將胺和亞硝酸鹽結合生成亞硝基胺，這也是胃癌的重要發病原因。

亞硝基胺跟大腸癌也有很大的關係，因為大腸是消化器官中存在細菌最多的地方，有害細菌自然也最多，再加上硝酸鹽就生成了大量的亞硝基胺。

現在很多蔬菜、加工食品都含有硝酸鹽，我們的唾液、腸液中也就有了很多硝酸鹽，這些硝酸鹽被腸道內的細菌轉化成亞硝酸鹽，它們在腸道內隨處可見。所以，在日常生活中一定要注意。

吲哚、酚類等致癌物　動物性蛋白質含有較多的色氨酸、酪氨酸、苯丙氨酸等芳香類氨基酸，腸道內的壞菌分解這些氨基酸，產生各種吲哚、酚類物質。

研究顯示，這些代謝物都是致命的致癌物。在實驗中給白鼠的飼料中添加色氨酸後，白鼠百分之百得了膀胱癌。實驗人員再將色氨酸的代謝物吲哚直接注入膀胱進行實驗，發現也可導致癌症。

所以，我們在日常生活中應該少食動物性食物，增加植物性蛋白和纖維類食物的攝取，這不僅有益於腸道健康，還能遠離致癌物。

二次膽汁酸　有害細菌也能將消化液等體內分泌物轉變為致癌物，比如肝臟所分泌的膽汁。如果過量攝入脂肪，為了幫助消化和吸收，肝臟分泌出大

量的膽汁。大腸中的有害細菌（大腸桿菌、酪酸梭狀芽孢桿菌等）會將膽汁變為二次膽汁酸，而二次膽汁酸中含有石膽酸、脫氧膽酸等致癌物質。

研究顯示，攝取太多脂肪的人的糞便中，含有非常多的致癌物質，除了上述的亞胺類物質外，最討厭的就是二次膽汁酸含有的致癌物。

傳統癌症療法

最常見的治癌方法就是手術、化學療法和放射性治療，有時候只用一種，有時候則會多種並用，這取決於醫生的診斷。

手術是指摘除癌變部位，可能還包括周圍的部分。手術的基本原理是摘除壞組織，留下好組織。但問題是，在很多情況下，一些壞組織會被不經意地留下，而有些好的組織則有可能會被切除。摘除的太多或太少都會破壞身體健康，甚至是致命的，這取決於生病的部位。例如，在摘除腦瘤的過程中，允許

出錯的空間就非常小。

化療的目的是破壞遺留的癌細胞。是通過控制一種高毒性的藥物進行一週甚至長達一個月的治療。化療中使用的藥物，如5—氟尿嘧啶（5-fluorouracil，縮寫為5-Fu），對癌細胞的殺傷力大過身體的其他細胞。這些藥物作用於DNA層，使其產生障礙，阻止細胞分裂，這是阻止癌細胞擴散的好方法。

儘管這樣，化療還是存在一些缺點。一方面，在摧毀癌細胞的同時，這些藥物還會進入健康細胞中，使病人變得非常虛弱，虛弱程度取決於接受治療的次數和每次治療的時間。化療的常見副作用包括嚴重的反胃、健康細胞減少、掉頭髮等。另外，化療的成功率很大程度上取決於癌症的發展階段。也就是說，癌症病發的時間愈晚，治癒的成功率就愈低。

第三種方法是放射性治療（或放射療法）。在這種治療方法中，放射線通過血流或載體分子（通常是一種被稱做「抗體」的蛋白後）導入癌症發生的部位。和化療一樣，作為第二道防線，放射性治療一般在手術後進行。

放射性治療並不能百分之百地殺死癌細胞。另外，它還有一種常見的副作用，就是可能會破壞好組織，甚至還會導致更多病症。

還有一種相對較新穎的癌症治療方法：雷射燒蝕法（laser ablation），它能夠通過使用激光殺死癌細胞。這種方法有幾個問題。例如，很可能一次治療不足以殺死所有癌細胞，也就是說，治療過程需要反覆。它還有可能殺死過多組織，對身體造成破壞。

益生菌療法

Probiotic

關於益生菌與癌細胞的關係，還要從癌症的病理說起。

身體細胞的數量有限。一個細胞死後，另外一個細胞會全然取代它。整個身體都是這樣運行的。在癌症病例中，細胞開始不受控制地自行增長，那並不

是一件壞事。問題在於，這些細胞會做很多有害身體健康的事：釋放毒素，擾亂組織或細胞原有的正常功能，還會消耗很多能量。

基因突變使癌細胞的增長難以控制，而這種突變是由多種原因引起的。一開始，細胞可能會受到病毒的攻擊，病毒會吸附在人體正常細胞上，然後將它們的DNA（或基因物質）注入正常細胞的DNA中。如此一來，病毒可能（但不是永遠）會擾亂健康細胞的正常機能，引起突變。

還有一種可能，突變是由有機體突變誘導化合物（**mutagenic compounds**）引起的，那是一種能夠引起基因改變的化學成分或物質。要理解這一點，可以把每個個體細胞想像成由四個小字母——G、A、T和C——通過一種精確的方式組成的，如**GATCCCAAG**。每一小段單一的DNA看起來都是這樣的，甚至在細胞分裂之後也是這樣的。這就是DNA（有時候被叫做基因密碼）怎樣從一代傳一代。但是如果引起突變的物質把T變成了C，這個密碼成了**GACCCCAAG**，這樣一個小小的改變就可能決定細胞的生死。

那突變是怎麼發生的呢?經證實，我們知道，一切都是細胞的傑作，就像我們上面舉的例子，都是ＤＮＡ透過字母的排列告訴我們的。有些化合物甚至能進入這些字母中並破壞它們。這些化合物統稱做誘導有機體突變的物質或致癌物（兩者間略有不同，但是與本章討論內容無關）。

ＤＮＡ認真工作時，細胞是快樂的，也是正常的。細胞會進行有限的幾次分裂，並在預定的時間內死亡。所有正常細胞都是這樣。但是，在有些正常機能運作下——例如複製——細胞的ＤＮＡ必須被「破解」（因為很多原因，大多數ＤＮＡ都必須被緊密地綁在一起，其中有一種將它們綁在一起的物質，實際上是在保護它遠離致癌物質）。

這種破解增加了有害化合物攻擊ＤＮＡ的可能性。ＤＮＡ被破解的愈多，就愈有可能受到攻擊和傷害。倖存程度如何，直接取決於這四種字母的排列順序，它們可能會輪流受到有毒物質、誘導有機體突變物質和致癌物質的攻擊。

那麼，益生菌又能在其中扮演什麼角色呢?事實上，它們的作用方式有多

種。第一，它們能製造一種物質，與可侵略物質交互作用，並解碼。第二，益生菌能吸收有毒物質，以多種途徑對有毒物質進行加工，減弱它們的毒性。第三，益生菌能夠幫助身體遠離不好的細菌。這樣當然是有益的，不只是因為有害細菌，如惡名昭彰的大腸桿菌（肉品變壞的罪魁禍首）不僅會使我們生病，甚至會置人於死地。透過以上益生菌的幾種作用，可以防止、破解有毒物質對DNA的攻擊，取消基因突變，達到預防和治療癌症的效果。

益生菌透過轉移細胞達到保護身體的目的。然而人類的內臟空間非常有限，為了使有益細菌或有害細菌對身體的健康發揮作用，它不得不花點時間拖延——沒錯，就是這樣。也就是說，細胞必須依附在腸胃道的內層，這個過程叫做「細菌黏附」；有些細菌會占領腸胃道的某些區域，例如，乳酸桿菌總是喜歡寄居在小腸中，或者腸道雙歧桿菌則喜歡寄居在直腸中。

益生菌會像細胞一樣經歷正常的生與死。它們可能會隨著自身的老化發生變異，這樣它們就不能好好在原本的位置作用。如此一來，任何經過附近的有

害細菌都有可能黏附在益生菌的位置上，這樣益生菌在腸子內層就沒了立足之地。一旦這些有害細菌在這裡站穩了腳跟，它們就能為非做歹了。

益生菌可以通過以下方式發揮抗腫瘤的作用

◎分解或吸附致癌物，減輕其毒性。

◎刺激人體免疫系統，抵制癌細胞的繁殖。

◎通過改善腸道環境，抑制腸內有害細菌的生長，阻止腸內致癌物質的形成。

◎產生抑制腫瘤細胞生長的化合物，或殺死有害細菌的新陳代謝物。益生菌的代謝物或提取物的作用非凡：可以降低化學誘變的機會；可以分解糞便酶、亞硝胺等具有誘發致癌物的機能；還可以防止某些菌叢細胞破壞ＤＮＡ。

我們可以通過補充更多的益生菌來改善這一點。這做起來並不像聽起來那麼簡單，因為正常的腸胃道中有大約四百餘種（或類型）益生菌。為了幫助分辨，已經有不少的公司推出了他們自行培養出對人體最有益的細菌，據知其數量約在十到二十種之間。

益生菌的研究可以追溯到一百多年前，而大量製造與測試益生菌的技術，直到最近二十年才有。這就是為甚麼目前大概只有二十幾種菌在流通。另一點是因為益生菌產品的銷售。試想一下，大部份的公司想要你接受他們很棒的益生菌產品，他們就得把他們菌種相關的研究呈現給你看。由於研究經費有限，公司就只能聚焦研究某些菌種，而不是分別測試。而那些行銷天才認為，你們這些消費者會被某個菌種的一百個臨床研究所打動，像是 LA-5 或 BB-12（這兩種菌種很奇妙，幾乎是一模一樣），你反而不會看到針對一百種不同菌種的一百個不同的研究（反正大多數也不會賣給你）。

服用益生菌並非一勞永逸。體內毒素、潛在毒素成份與有害細菌為了確認

這一點，就會不斷入侵，你得不斷的加入好菌來抵擋壞菌。而好的細菌會不斷承受攻擊，也可能遭受正常細胞突變後的攻擊。走到這一步，細胞就會衰退，然後死亡。

當益生菌衰退或是死亡，就沒有辦法把有害成份解毒，打跑敵人，結果就是壞人獲勝。這就是你得持續在飲食上補充新的、新鮮又多樣的益生菌的原因。請確保新鮮部隊的防護，保衛你的健康。

我們對癌症裡裡外外的瞭解，已有長足的進步。我們在這些努力中，也看到存活率的上升。例如若早期發現黑色素瘤，就可以被完全治癒。對癌症持續的研究也希望會帶來好消息。我們對癌症的成因愈是瞭解，我們就愈有機會打敗它，要是我們能夠事先預防，那就更好了！

關於益生菌防癌的機理，科學界主要存在有三種觀點：一種觀點認為益生菌刺激免疫系統使之攻擊癌細胞；另一種觀點認為益生菌能夠阻止致癌化學物後發揮作用；還有一種觀點認為益生菌能夠使癌細胞自行滅亡。

許多研究表明，益生菌有著直接的抗腫瘤效果。

在一項關於益生菌的抗腫瘤發生特性的動物實驗中，測試了某一個特定的嗜酸乳桿菌株的抗腫瘤效果。此項實驗中，一組老鼠每日攝入一定的嗜酸乳桿菌，另一組沒有攝入任何益生菌。這些老鼠均在皮下注射了可誘發腫瘤的物質——亞硝酸胺。結果發現，到第二十六週時，餵養了益生菌的老鼠能顯著地減少腫瘤的發生；到第四十週時，餵養了該益生菌的那組老鼠產生腫瘤的情況，比對照組的老鼠要低得多。這是因為，該種益生菌刺激了某些能殺死和抑制腫瘤生長的免疫成分的產生，比如白細胞介素1a和腫瘤壞死因數a。在另一項關於益生菌和腫瘤的生長研究中，研究者發現：對餵養了菊糖和寡糖的實驗鼠，該益生元能刺激其腸道中雙歧桿菌的生長。

北愛爾蘭大學人類營養學教授伊恩．羅蘭通過臨床實驗證實：含有益生菌的飲品能夠降低腸道細胞基因受損的可能性，有助於防治結腸癌。這一成果發表在二〇〇七年的《美國臨床營養學》雜誌上。

羅蘭博士在八十名志願者身上進行實驗，把他們分成兩組，其中一組都接受結腸癌治療，另一組則被診斷出現作為癌症前兆的腸道息肉。羅蘭讓每名患者飲用一種含益生菌和菊糖的飲品。菊糖在腸道上部無法消化，因此可以到達大腸，成為大腸益生菌的能量來源。

羅蘭讓志願者持續飲用益生菌飲品十二週，並通過兩次活組織切片檢查，比較志願者飲用之前和之後細胞癌變的程度變化。結果顯示：接受過結腸癌治療的第一組志願者細胞癌變情況在飲用益生菌飲品前後沒有變化；但那些出現腸道息肉的志願者在飲用菊糖和益生菌飲品後，結腸切片發現細胞癌變較少，增生程度也較輕。

日本東京大學醫學系大橋靖雄教授主持的研究項目表明：習慣飲用乳酸菌飲料的人，膀胱癌的發病危險可降低百分之五十。

大橋教授將日本七個區域醫院中的一百八十名膀胱癌患者和四百四十五名健康人作對比，對他們之前十至十五年間對乳酸飲料的飲用情況做了八十一項

問卷調查。

經過一系列統計學的處理（性別、年齡、吸煙等造成的偏差）後，得出的結果是：膀胱癌的發病相對危險指數，不飲用乳酸菌飲料的人為一．〇，每週飲用一至二十次的人僅為〇．四至〇．六。

第二章

益生菌已成為對抗冠心病的神奇武器

什麼是冠狀動脈心臟病？

冠狀動脈心臟病，簡稱冠心病（CHD）是因心臟中的冠狀動脈變窄而引起。它是最常見的一種心臟疾病，大約七百多萬美國人患有這種病，更糟的是，不管是對女性還是男性來說，它都是頭號殺手。每年有超過五十萬美國人死於冠狀動脈心臟病引起的心臟病突發。

大部分這種死亡是可以避免的，因為冠心病與生活方式相關。導致冠心病的常見危險因素有高血壓、高膽固醇、吸煙、過度肥胖、缺乏運動、糖尿病和壓力，而這些因素都是可以控制的。一般來說，高血壓、高膽固醇或吸煙會使患病機率增加數倍。因此，一個擁有上述三種危險因素的人罹患這類疾病的機率，和一個沒有任何危險因素的人相比，高了八倍。過度肥胖會增加高膽固醇和高血壓的罹患率，而且會增加心臟病突發的機率。

其他一些危險因素就不能控制了，如遺傳、年齡和性別。遺傳涉及幾方面

的問題，其中之一就是種族差異。非洲裔美國人比歐洲裔美國人更容易罹患嚴重的高血壓，因此他們得到冠心病的機率就更高。墨西哥裔美國人、美國印第安人、夏威夷原住民和部分亞裔美國人罹患冠心病的機率較高。部分原因在於這些種族人群中，較多人罹患過度肥胖症和糖尿病。其他家族特徵也會使人們患上冠心病的機率倍增。例如，在很多人身上，特別是有嚴重的心臟病家族史的人，都能找到一種或多種危險因素，如高血壓或高膽固醇。

年齡和性別也是不可控制的危險因素。冠心病是隨著時間而漸漸發生的，也就是說，隨著年齡的增長，發病機率會升高。五分之四死於冠心病的人都在六十五歲以上（包括六十五歲）。與男性相比，年長婦女更容易在心臟病發作後的幾週內死去。即使這樣，男性發生心臟病的機率還是比女性高，而且發作的時間會比較早。

什麼原因引起了冠心病？

要想弄清楚冠心病的起因，必須先瞭解心臟是怎樣運作的。像所有的肌肉一樣，心臟同樣需要氧氣和營養不斷的供給，而這些元素都是通過冠狀動脈的血液帶入心臟的。當冠狀動脈變窄或閉塞時，它們就不能為心臟供應足夠的血液，這種情況會造成以下幾種後果。

如果心臟裡缺少了含氧的血液，它的反應可能是疼痛，也就是我們所說的心絞痛。通常是胸口痛，或是左手臂與肩膀痛。同樣的血液缺氧也可能沒有症狀，這就叫做靜默的心絞痛。當血液供給完全被切斷時，就是心臟病發作的時刻。一旦發生這樣的情況，心臟中得不到氧氣供給的那部分就會死去，心臟中的部分肌肉可能會遭到永久性破壞。

類似冠狀動脈內壁的加厚稱作「動脈硬化」，當一個人的血液中含有較高的膽固醇（一種類似脂肪的物質）含量時，通常會發生動脈硬化。在血液循環

中，膽固醇和脂肪構成了動脈血管壁，使它們變得狹窄，因而減慢甚至阻塞血液流通。當血液中的膽固醇含量較高時，它更有可能堆積在動脈血管壁上。這一過程在很多人的童年時期和少年時期就開始了，隨著年齡愈大，情況愈來愈嚴重。

什麼是膽固醇？簡單來說，膽固醇就是一種分子，身體把它當做一種積木，用來生產其他化合物質。膽固醇是人體不可缺少的物質，它是細胞膜的組成構件之一，與生物膜的通透性和神經傳導有關，同時又是形成類固醇激素、膽汁酸及合成維生素 D3 的前體物質。可見，把膽固醇描繪成一種兒童玩的積木或樂高玩具，還滿合適。

我們總會看到一大堆關於膽固醇的縮寫，如 HDL（高密度脂蛋白）、LDL（低密度脂蛋白）和 HDL/LDL（這兩種脂蛋白的比率）。這些縮寫其實並不複雜。重要的是，我們要知道 HDL 都是好的膽固醇，而 LDL 都是壞的膽固醇。壞膽固醇會阻塞你的動脈，讓它變得又硬又窄。

這正是癥結所在。一旦動脈失去柔軟性，血壓就會升高，最好的血液和營養物質就不能到達身體的各個部位——肌肉和心臟也都會硬化。

最簡單的冠心病信號就是胸痛和呼吸短促。人的胸腔可能會感到沉重、胸悶、疼痛、像燃燒一樣，或有擠壓感，其他感知部位通常是胸骨後面，有時候也會是手臂、頸部或下巴。一旦出現了這些症狀，就應該去看醫生了。儘管如此，有些人身上看不出任何徵兆，只有在心臟病發作後才發現。值得一提的是，女性可能對那些專屬於她們的冠心病症狀尤其陌生，甚至在發病前都無法察覺。

理解冠心病的症狀，涵蓋嚴重程度不一，這點很重要。有的人一點症狀都沒有，有的人胸口會有點痛，有的人疼痛會比較明顯，也持續很久。也有人症狀很嚴重，但還是照常生活，只是日常活動變得不便。

冠心病的治療方式

冠心病依病情嚴重程度，有多種療法。很多患者可以改變生活習慣、服用藥物來改善。嚴重一點的患者需要開刀。無論如何，一旦病發，就要一輩子都注意照護。

改變生活形態

前面提到，即便在治療冠心病有進步，但是改變生活形態是唯一最有效的方法，使病情不再惡化。特別是冠心病患者需要低脂飲食，定期運動，不能抽煙。

改變飲食成低脂飲食，飽和脂肪，低膽固醇，可以幫助減少血液膽固醇濃度，血液膽固醇的濃度也是造成血管硬化的主因。事實上，在心臟病發後，維持較低的血液膽固醇濃度，可以幫助減低復發的機會。減少脂肪攝取可以幫助

你減重，如果你過重，減重是降低血液膽固醇的重要方法。減重也是最有效改變生活的方式，可以避免高血壓，高血壓當然也是導致動脈硬化與心臟病的危險因素。

多做運動有益冠心病患者。最近研究發現，冠心病患者就算是溫和的動一動，也會降低死亡率。當然病情嚴重的患者，不能作運動。所以，冠心病患者，須與自己的主治醫師商量，作哪種運動比較適合。

吸煙是引發冠心病三大主因之一，所以戒煙這個主要習慣的改變，可以預防心臟病。戒煙可以很戲劇性地降低心臟病突發的危險，也減低二次復發機會。

藥物治療

要是改變生活形態就足以預防或控制冠心病，那就永遠用不到藥物治療了。特別是飲食改變，一直以來都是治療劣質或高膽固醇的做法，當然飲食可

以促進改變，但無法處理所有狀況。身體有自己製造膽固醇的能力，而且在需要時，產量還相當高。這對於想要單單以調整飲食來控制膽固醇的人來說，可能會出現問題。

為了解決這個問題，科學家研究許多方法，調節身體自體製造膽固醇的能力。結果是以一種叫做史他汀類（Statins）的藥物，在某個地方阻斷膽固醇合成。不幸的是，史他汀類傾向對所有膽固醇一視同仁地加以破壞，不管膽固醇的種類，也不考慮其實身體是需要一些膽固醇的。要是缺乏膽固醇，人可能會死亡。例如有一種史他汀類叫做愛史他汀（lovestatin），破壞還原酶抑制劑（HMGCoA）的合成，還原酶抑制劑是一種製造膽固醇的必要酵素。有一些藥物也會引發某些我們不想要的副作用，例如肌肉酸痛、觸痛、虛弱（特別與發燒、不舒服有關）、疹子、皮膚或眼睛發黃、異常出血或瘀青，手、臉、唇、喉嚨、舌頭腫脹，喉嚨酸痛或聲音沙啞等。

有些天然產品的作用也很像控制膽固醇的藥物。這些產品可以在健康食品店或大型量販店找到。其中一種就叫做「紅麴」。這種食品含天然控制膽固醇的成份，與控制膽固醇的藥物成份一樣。在傳統中藥裡面，就是用紅麴素來控制膽固醇，西醫現在才要跟上這個腳步呢！

還有其他根據冠心病患者與其健康狀況來開的藥物。心絞痛的症狀一般而言是由幾種藥物來控制，例如用β受體阻斷劑（beta-blockers），減低心臟的工作量；三硝酸甘油脂（nitroglycerine）與其他硝酸鹽一起使用，與鈣離子阻斷劑可以舒緩動脈。另外，阿斯匹靈、其他血小板抑制劑與抗凝血藥物，可以使血管變窄，防止血液凝塊。

β受體阻斷劑一般是給曾經心臟病發的人服用的，為避免二次發作。治療血液中膽固醇較高的人，若是以飲食與體重控制療法，效果並不彰，所以可以適度使用降膽固醇的藥物，例如 lovestatin、colestipol、cholestyramine、gemfibrozil 與 niacin。有些患有心臟跳動障礙的患者，可能得用洋地黃藥物或

是血管收縮素轉化脢抑制劑（ACE）。當出現高血壓或體液滯留（fluid retention），也可以用上述藥物治療。

如果你有冠心病，請教你的醫生你服用的是什麼藥物、作用是甚麼、哪些是一般常見副作用。愈是瞭解這些事情，會幫你更準時服藥。

手術

不是所有冠心病患者，都可用改變生活形態與服用藥物來達到控制效果。若是服用藥物，但仍有頻繁或傷害性的心絞痛發生、一處或多處冠狀動脈血管嚴重阻塞，就要建議這些病患以手術治療了。

第一種手術叫做「經皮冠狀動脈血管成形術」或「氣球擴張術」，把導管連同末端一個很小的氣球，放進阻塞的冠狀動脈裡面。將氣球打氣膨脹，然後再消氣，使血管脹出一條通路，幫助血液流通，最後再把導管移開。這個手術是在病患清醒的狀況下進行，手術大約需一到二小時。

如果「經皮冠狀動脈血管成形術」無法讓動脈變寬，或是有其他狀況，就會進行「冠狀動脈繞道手術」。這種手術會使用患者大腿或是胸部一段血管。即在阻塞的血管附近接一條新的血管，以繞過狹窄的冠狀動脈。如果有多條動脈被堵住，也可以分別進行這個手術。因此血液能夠繞過阻礙，供給心臟足夠血液，減輕病患胸口的疼痛症狀。

進行繞道手術可以解除心臟病患者的疼痛，但無法治癒。在大部份的狀況裡，病人還是得在術後改變生活習慣，如果他平常就抽煙、吃高熱量的飲食、不運動，那就得特別建議病患，一定要努力改變生活方式了！

Probiotic 益生菌療法

使用益生菌控制膽固醇是最近才被認可的一種方法。儘管人們早就知道，

食用發酵的酸乳酪和一些常見的益生菌能夠降低膽固醇。但直到最近十幾年科學家們才開始進行研究。

在對膽固醇和益生菌的研究中科學家們發現，使用大量的益生菌時——大量是指每劑含有超過一百億個活的有機體——血液中的膽固醇就會降低。更重要的是，他們還發現 HDL 和 LDL 的比率會增大。與 LDL 相比，HDL 的含量愈多，這個比率愈高。

為什麼這一點很重要？如果 LDL 被當做阻塞物質，那麼 HDL 就可以被想成清理堆積物的物質。正如前面所提到的，LDL 被比喻成樂高玩具，通過連接器將多種膽固醇分子連在一起。LDL 在動脈中聚集，一個接一個地堆積，漸漸地阻塞流通。而 HDL 就像不含連接器的樂高玩具。同樣的，由於 HDL 不能綁縛在其他物質上，它們就會產生一種「保齡球」效應，都能夠擊散 LDL，不管它們在哪裡形成。所以，如果 HDL 的含量超出 LDL 的愈多，LDL 的數量就愈少。道理非常簡單，HDL 和 LDL 的總合（在數字上，並非在物理

上）組成了膽固醇總量。

這些好處為益生菌帶來較高的評價和重視。像嗜酸性乳酸菌（LA）這類的益生菌，每劑含有一百億至一千億個有機體，它們可以大大降低血清膽固醇。最近，其他一些細菌也被列入了觀察範圍，如羅伊氏乳桿菌（LR）。與其他一些種類的益生菌不同，人們只需使用較少的LR就能收到很好的降低膽固醇的效果。

如果想讓降低膽固醇的效果更好，益生菌就必須在被腸道吸收的過程中存活下來。這是為什麼呢？原因在於：當益生菌被食入體內後，會進入胃，但是如果不能抵抗胃酸，就會被胃酸消滅。事實上，大部分益生菌都是這樣死掉的。倖存下來的益生菌才會進入腸道，然後遇上另外一個勁敵，那就是膽汁。膽汁有很多功能，其中一種就是殺菌。所以，如果益生菌不能抵抗胃酸或膽汁，它們就撐不到能夠發揮功能的那一刻了。

不用怕，人類自身的功能恰好能夠配合倖存的益生菌。除了從飲食中獲取

膽固醇，身體也會產生膽固醇（這就是為什麼單從飲食調節膽固醇，並不是很有效的原因，要是一旦奏效，效果則會幾近最佳）。身體除了產生了膽固醇，同時也產生了很多其他東西，其中之一就是膽汁。膽汁是在肝臟中形成的，儲存在膽囊中，分泌進入腸道，幫助消化。膽汁最主要的一項工作就是乳化脂肪。完成任務後，膽汁被重新吸收進腸道，並找到它的途徑回到膽囊中，等待下一次被使用。

記住，生產像膽固醇和膽汁這類的化合物是要消耗能量的。所以，身體喜歡儘可能多地進行再循環。這也是進化的結果。

在進入腸道的過程中，膽汁會遭遇兩種命運：它可以繼續自己的工作（幫助消化脂肪），或者經歷「早期分解」的過程。這是怎樣發生的並不重要。重要的是，補充益生菌能夠調節腸胃微生態，加速膽汁的早期分解。如果膽汁被分解，它就很有可能和其他廢物一起被排泄出體外，雖然有一些會被重複吸收，但是量很小。

如果膽汁被排泄出體外，它顯然就不會再被吸收並循環進入膽囊中。而膽囊需要保持定量的膽汁，如果因為缺少循環而使進入膽囊的膽汁量下降——這是益生菌在腸內活動的結果——那麼，肝臟將會察覺膽汁含量下降，自動分泌出更多膽汁。

為了產生更多的膽汁，身體會開始調動它所儲存膽固醇。膽固醇會漸漸從血液中抽離，進入肝臟，產生膽汁。這種作用很顯著，而效果也是可測量的。

高劑量的益生菌可以成功減少體內膽固醇含量。如果找到一種能夠抵抗胃酸和膽汁的益生菌就更好了。經證明，ＬＲ恰好是這種抗酸性和抗膽汁性較強的物質。它可以在進入腸胃中的旅程中倖存下來，在那裡，它會吸收分解膽汁，最後將膽汁排出體外。觀察顯示，ＬＲ能使總膽固醇降低百分之三十八。

有種驚人的「一比二」法則，據說血清膽固醇每降低百分之一，罹患冠心病的機率就會降低百分之二。記住，現在我們能降低百分之三十八的膽固醇，也就是說，使用ＬＲ益生菌可以把患上冠心病的風險降低至少百分之七十六，

這才是重點。

攝入高劑量的益生菌與一些較低劑量的某些菌種，可以達到這些效果。每一種菌種的特性應該是大不相同，也多多少少會抗酸或難被膽汁分解。你應該要選擇一些用優質技術下產生菌種的產品，例如有些DNA辨識與細胞壁結構分析技術。

如果你擔心罹患冠心病，建議你把服用益生菌當作健康飲食的一部份，以預防冠心病與其他相關症狀的發生。

冠心病是每個人都需提防的疾病。特別是女性，要找醫生更深入瞭解女性的健康問題，特別是冠心病的症狀。

科學家曼恩和斯珀裡最早在非洲部落中發現了益生菌對膽固醇的功效。他們發現非洲馬賽人大量飲用由乳桿菌發酵的乳製品，其體內血清膽固醇含量普遍較低。一九七七年，他們又發現經常飲用酸乳的美國人體內血清膽固醇含量也較低。這引起了世界營養學界、醫學界、微生物學界的關注，掀起了益生菌降低膽固醇作用的研究高潮。

美國肯塔基州大學醫學研究中心的代謝研究小組進行了兩項相關研究：通過每日攝入不同的益生菌酸乳，然後測試服用後人群的血脂變化。第一項研究是針對含有益生菌（嗜酸乳桿菌）的酸乳，結果顯示，服用人群血清中的膽固醇濃度降低了百分之二・四。在第二項研究中使用了另一種嗜酸乳桿菌株，結果顯示，服用人群血清中的膽固醇濃度降低了百分之三・二。

瑞典科學家認為，攝入益生菌可以降低膽固醇和LDL膽固醇，進而降低罹患冠心病的危險。一九九八年的一項研究中，三十名受試者被分成兩組。第一組每天飲用二百毫升的果汁，每毫升中含有五千萬個活性乳桿菌，即每天攝入十億個益生菌；另一組飲用不含任何益生菌的果汁。六週後，第一組人的膽固醇水準明顯下降，同時血清中的纖維蛋白水準也有明顯下降。另一組人的膽固醇水準和纖維蛋白水準卻沒有變化。

益生菌療法不僅可以降低膽固醇，還可以降低血壓——這是導致冠心病的

另一高危因素。很多結果顯示，高血壓患者食用某些乳桿菌或其他代謝物製成的產品，可降低血壓，並可作為病人控制血壓偏高的工具。

一項在日本東京醫學院心血管中心做的、為期十二週的隨機雙盲安慰劑對照臨床研究，對三十九位中年高血壓患者（十六名女性，二十三名男性，年齡在二十八至八十一歲之間）進行了觀察，觀察他們飲用了發酵乳飲料後的血壓變化。結果顯示，單一劑量的乳酸劑可明顯降低血壓。

日本信州大學的研究者也發現：某些益生菌可以抑制攜帶膽固醇的膽酸在肝中的再吸收，並具有將血液中的膽固醇通過糞便排出的功能。他們對一組十八至五十五歲的患有高血壓的人群進行了長達八週的觀察，讓其中一組受試者每日補充一定劑量的益生菌，結果發現他們的血壓有明顯的降低，而那些未服用益生菌的對照組人群血壓並沒有降低。

一些對發酵乳的研究也證明，當益生菌生長時會產生很多抗高血壓的物質。科學家在分離具抗高血壓功效的物質時，發現至少有一種情況是由於有益細胞細胞壁的作用，這就暗示了即使是細胞死亡也可發揮功效。

可見，益生菌對治療冠心病及其相關病症都具有相當大的作用。我們應該讓益生菌成為日常飲食的一部分。

第三章

益生菌為自閉症患者帶來新的希望

什麼是自閉症？

自閉症是一種普遍存在的大腦失調症狀。請注意，它是一種失調，而非疾病。

這類失調到底有多普遍呢？不同的臨床標準對自閉症患病率的評估各有不同。有些評估顯示自閉症的患病率很低，每一萬人中只有五例；但是也有一些評估顯示患病率很高，每八十人中就有一例。

自閉症患者有三種典型症狀：人際互動較差、口語和非口語溝通障礙、行為和興趣較特殊或嚴重受限。更具體一點說，患有自閉症的人可能更沉溺在自己的世界裡，無法社交；他們可能還會有行為問題和語言障礙（如模仿語言）。另外，患有自閉症的人常常會對聲音、感知和其他感官刺激做出異常反應。

自閉症通常出現在兒童期的前三年中，然後可能延續一生。在很多兒童患

者中，這些症狀會隨著外界的干擾或年齡的增長而得以改善。有些自閉症患者會在正常和幾近正常的狀態中度過一生。

有時候，可以將眾多的自閉症症狀，歸類為泛自閉症障礙綜合症或心房間隔缺損。會如此分類是因為出現這樣的理論：自閉症患者通常會幾種疾病併發。大約三分之一患有泛自閉症障礙綜合症的兒童最終會罹患癲癇症。有嚴重的認知問題和猝發中風症狀的人，是自閉症的高危險群。

不過，不用擔心，自閉症的人還是有希望過正常生活的，因為益生菌為他們帶來了新的希望。

什麼原因引起了自閉症？

自閉症發生的確切原因目前仍不明，但近年來的研究成果已相當可觀。病因的研究著重於地理區域、生物與心理層面，也因此，出現了好幾種自閉症成

因不同的理論。

有一個理論主張是因為基因遺傳素質而造成自閉症；研究人員尋找蛛絲馬跡，希望發現是哪個基因造成這種愈來愈敏感受損的狀況。另一研究顯示，發現自閉症患者腦部有好幾處異常區塊，顯示自閉症可能肇因於胎兒早期腦部的損害。有的案例中，環境因素也扮演重要角色。此外，也因為發現病情最早的時間點（即嬰兒期），自閉症有可能與幼時的疫苗注射有關。

其他的理論指出，飲食也對於自閉症發生扮演著重要角色。普遍認為，因為無法完全消化酪蛋白與麩質，使得體內形成一種類鴉片物質的前體（preopioid，或稱外啡肽）。分別在乳品與麥類中，酪蛋白與麩質是常見物質。（本章最後會討論更多細節。）

好幾種對於自閉症本質與成因的概念並不受認可。例如，自閉症是因為缺乏父母關愛而起，特別責備母親對待孩子的態度太冷淡。（他們有時會被醫護專業人員稱作「冷凍庫母親」。）雖然聽起來很愚蠢，但是一直到一九七〇年

才再次公開受到質疑。另一個因為大眾傳播媒體而風行的理論叫做自閉症專家傾向，例如電影《雨人》（Rain Man）。當然很多自閉症個體在某些領域有驚人的能力——例如辨識與複誦一長串數字與樂句，擁有超凡的藝術能力——但並未發現這些技能與自閉症直接的關係。

自閉症的治療方式

現在還沒有藥物能夠完全治癒自閉症，醫生開出合適的處方能幫助相當程度正常的發展，可以紓緩症狀。不過，營養療法開始顯示出較好的效能。

不同的療法針對不同的特殊症狀。例如，教育與行為治療強調結構性，也伴隨密集的技術導向訓練。醫生會開很多不同的藥物來減少自閉症的症狀。當然也是有其他做法，但並不多，只要有其他做法，研究報告就會被當做療法的理論根據。

廣受歡迎的營養療法試圖以三種途徑治療自閉症：飲食限制（避免食用牛奶和小麥）、補充外源性酵素、補充益生菌，這三種治療方式可單獨使用或合併使用。近來這幾種療法並沒有強調分子機制在自閉症領域的發展與進步。

接下來我們要探討營養療法著眼於可能與自閉症相關的分子機制和細胞機制，還有益生菌、自閉症、異常免疫和發炎之間的關係。

Probiotic 益生菌療法

自閉症治療領域的先驅早就發現，自閉症症狀與對完全消化牛奶（酪蛋白）和小麥（麩質）中的縮氨酸（胜肽）／蛋白質的破損程度有重要關係。在消化過程中，主要來源於乾酪素和麩質中的一種「類鴉片物質」的前體（preopioid）類化合物，似乎因蛋白質的不完全分解而被活化的。這些被稱做

「外啡肽」（即酪啡肽，麵筋嗎啡或穀啡肽）的部分蛋白質或胜肽很容易穿過腸道進入血液中，帶入大腦，發揮鴉片反應。

據說，胜肽穿過腸道的移動現象更容易發生在自閉症患者身上，因為他們的腸胃道天生會滲漏。根據自閉症的外源肽理論，一種叫做二肽基肽酶—4（DPPIV）的腸酶含量減少可能會導致自閉症。二肽基肽酶—4是一種特別作用在消化外啡肽的特殊酵素，所以它們不會與身體自身的神經中樞信號互動。

攝取益生菌能修復腸漏，生成物理障礙，防止有害細菌（或病原體）侵入體內引起的菌血症（或血液中產生細菌）。益生菌不僅能夠在生理上阻擋有害細菌，還能緩解這些細菌引起的疼痛，使身體漸漸恢復健康，大大地促進身體自我療癒。

最近，我自己的實驗室公佈了幾點發現，關於在使用酵素和益生菌來治療自閉症。實驗中，我們區分了益生菌和酵素，但是在現實中，它們並沒有明顯的差異——至少在自閉症案例中是這樣的。原因在於，益生菌中含有各種不同

的酵素，其中幾種可能對自閉症治療極為重要。

其他研究單位也著手於以酵素治療自閉症，但近期尚未有新研究報告出爐。我們的實驗與其他機構的研究相似，但是我們使用了一種獨特的酵素配方。除了增加了幾種新酵素外，我們實驗室的研究報告還是全世界第一個報導出基因組藥物（genomeceutical）的治療潛力的研究單位。基因組藥物是一種能夠刺激人體自身產生二肽基肽酶—4和益生菌的物質。

該配方的一種重要成分就是半乳糖，那是一種單糖。它與葡萄糖非常相似，但是對身體的作用卻各不相同。一般相信半乳糖有兩種不同層次的作用，首先它可以被作為基因組藥物，增加腸內現有的二肽基肽酶—4基因的數量，這樣腸細胞中就會含有更多的二肽基肽酶—4，徹底分解蛋白酶產生所有的外啡肽。第二種作用也很有意思，那就是，半乳糖是腸中有益微植物群（microflora，也就是益生菌）的能量來源。這很重要，因為益生菌有機體自身就包含能夠分解像外啡肽這類物質的酵素。

研究顯示，近來被當作補給品的益生菌有機物含類似二肽基肽酶—4的物質（如PepX），也能夠消化外啡肽。人體腸道中大約有十萬億個微生物體，其所含的酵素運動之貢獻大大超越腸道細胞的貢獻。據可靠記載，半乳糖就是一種益生元（更確切地說，它能夠刺激益生菌增長），並能提高腸道中益生菌的數量。

人們在對自閉症患者的治療中（和在使用益生菌治療其他各種症狀中）發現，隨著時間的推移，同樣的益生菌對身體產生的積極作用越來越少。近期，我在使用脈衝調制和轉化益生菌的布魯奈克治療法（Brudnak Method）中提到了這一點，這是我第一次設想並寫下這一理論。

十年前，大多數益生菌產品都含有嗜酸性乳酸菌或雙歧桿菌。如果有人夠幸運，他還能找到同時含有這兩種物質的產品，甚至還含有另外兩種酸乳酪細菌（保加利亞乳桿菌）化合物。大部分這類產品在加工時，有將近一億個活性細胞。特別是當我們以細胞都是壞的這一觀點為前提時更是如此，雖然這聽起來像是很多有機體，但是最新的數據表示，這個數量太少了，以至於益生菌無法發揮出太多的有益作用。至少在應用益生菌進行短期治療時確實如此。

那麼過去十年來發生了怎樣的變化呢？隨著愈來愈多的數據出現，大家已經很明白，要達到實際的臨床效果，每劑中至少需含有一億個有機生物體。在最近的一項研究中，受試者每天攝入牛奶，內含十億個雙歧桿菌，並注意觀測他們身體免疫情況的變化，發現粒性白細胞吞噬細胞的活動能力大大增強。

還有一項研究著眼於益生菌在癌症患者體中，阻擋感染源的這項防禦作用。三十名病患參加這個實驗。以病人最初接受化療開始，每天分三次提供病人乳桿菌膠囊，每次二粒，持續三十天。每粒膠囊都包含以五〇：五〇的雙歧桿菌和嗜酸性乳酸菌，每粒膠囊中含有四十億個有機體。發燒現象很明顯地向後延緩發生，從中間時間八天延緩到了十二天。顯而易見，益生菌在治療像癌症這類最嚴重的病症中，也起了非常重要的作用。

自閉症患者血液中的毒性物質（氨）則是另外一個研究領域。使用益生菌

很容易就能減少循環中的氨。研究人員在一項研究中對盲腸物（或糞便）中的五十億個含有乳酸桿菌或短雙歧桿菌的有機體進行測試，結果發現盲腸物的酸鹼值相應地下降了，這為排毒計劃中使用益生菌，提供了依據。

在自閉症患者群體中，對身體進行全方位排毒是非常流行的一種做法。醫生常用的排毒物質包括DMSA、EDTA這類物質和螯合劑（chelatig）（螯合意味著抓住或包圍某些東西）。排毒與治療自閉症有關係，因為從環境中獲得的汞（可能從生活或工作環境中吸收的，或接種疫苗吸收的）是導致自閉症和心房間隔缺損的罪魁禍首。

有一個與排毒相關的領域尚未被開發出來，那就是身體自身內生成的腸細菌：益生菌。基本原理是這樣的，腸相關淋巴組織（GALT）在自閉症的建立和發展過程中扮演了關鍵性角色。據說，細菌能夠通過使用摩爾因子（mergenes）對甲基汞（有機的）進行排毒。摩爾因子就是將有機汞化合物轉化成揮發性或毒性較小的自然汞和無機汞，排除它們的毒性。

摩爾因子在一個有規律操縱的摩爾因子組之下，它可能在染色體內或染色體外。摩爾因子組包括：用於調整蛋白質編碼的摩爾R；為水陰離子減少蛋白質編碼的摩爾A；一種或多種基因摩爾P、摩爾T和（或）摩爾C。它們都是為用於將汞離子移動到細胞質中的蛋白質編碼的。

大家對這些儲存基因的細菌，愈來愈有興趣，因為它們可能可以排除體內汞的毒性。現在，這是一個熱門話題。事實上，在二〇〇〇年四月召開的國際醫學大會上還專門討論了這一問題。

很明顯，當益生菌開始吸收汞時，體內將需要更大量新的益生菌，代替執行這一任務的益生菌。目的不是為了促進持續循環，而是將益生菌中的汞和其他廢物一起排出體外。

益生菌補給品在大多數情況下是安全的，對於改善抗生素副作用、痢疾和便秘、乳糖吸收障礙和膽固醇減少等症狀也很有效。約一億至五千億的有機物劑量已經被使用過，沒有任何副作用。近期的研究似乎說明，十億至一千億的

活性有機體，在治療上述各種病症時最具療效。

最近，我和斯帝芬．赫奈爾博士（Dr. Stephanie G. Hoener）談過。她是美國俄勒岡州波特蘭市的一位內科醫生，多年來一直推行自然療法。她一直都在幫助有特殊需要的孩子，如自閉症患兒，並多次在醫療團體中談論關於自閉症和排毒的相關問題。當我們談到用高劑量益生菌治療自閉症時，赫奈爾博士是這樣說的：

> 為了得到較好的效果，我們必須在開始時每天提供病人二十億至六百億個有機體。大部分患有自閉症的孩子的腸功能已經被大打折扣，腸內有大量的致病酵母和細菌，所以加大劑量通常是腸功能正常化治療初始階段所必須的。一般情況下，我們可使用的劑量比能收到最佳效果的劑量還要高些──可高達每天一千億個有機體，甚至更高，這取決於孩子的年齡。除了能夠支持腸胃道功能外，這樣高劑量

的益生菌還可以幫助孩子們增強已經被大大破壞的免疫功能。

臨床報告顯示，隨著時間推移，單一與雙菌種的益生菌產品，治療效果會慢慢失效。例如在自閉症的案例中，孩子若在在治療前有腹瀉或其他腸胃道不舒服的狀況，在首次服用了這些產品之後，會有大幅度的改善。他們會開始正常排便，而且大便會成形。然而，有些案例，一段時間後，孩子會回到原先的狀態，仍舊不舒服。有二種療法似乎可以解決這個惱人的現象。

第一個是之前提到布魯奈克療法裡有一個原則：「暫停」。當療效開始出現變化，醫生可以停止補充益生菌，過一段時間後，再給與補充。在暫停補充益生菌之後，身體會重整，這段期間內，對益生菌而言，腸胃道內的環境，會變得更友善。此外，腸道免疫功能也一定會改變。

我們確信，腸道是免疫系統能力的主要來源。而某些基因元素也對重金屬有反應，特別是汞。一旦益生菌進入身體，與腸道聯繫後免疫系統就會動員，攻擊益生菌。然後，擊退益生菌之後，免疫反應會逐漸減弱，直到下次這種狀況再出現。這種循環並非壞事，事實上，這可以好好用來「暫停」益生菌。

另外的做法也行得通。在任何時間內，所有的益生菌撤退之後，另一種包含其他微生物的東西就可以取而代之，例如，拿一種含鼠李糖乳桿菌（L. rhamnosus）的產品來治療，上述狀況發生時，就拿另一種雙歧桿菌（Bifidobaeterium）的來替代，繼續治療。若使用單一菌種雙歧桿菌，那這個狀況就會再發生，然後就要再用第三種包含多菌種的產品來替代。使用哪一種菌種治療，要根據醫生的診斷，因案例而異。在可見的未來，會有更多特別為這種狀況設計的產品，因此，交替服用益生菌的療法就可以運用在更多不同的狀況中。

赫奈爾博士也提供一個臨床的觀察，身體是如何適應某一種微生物，導致慢慢失去其正面功效：

自閉症的孩子使用益生菌治療，在一段時間內很有用，但是卻會慢慢失效。例如，他們使用益生菌之後，腹瀉會慢慢消退，大便也成形，也比較少放屁、腹脹或肚子不舒服。如果這些效益在幾週後慢慢消失，我們就替他們轉換不同的益生菌，然後又會慢慢見效。我與二十幾對自閉兒家長討論過這種暫停與轉換的方法，他們對結果都相當滿意。

很清楚，益生菌的領域才剛開始發展。但它會慢慢擴大，只要主要藥廠加入這個令人興奮又有效的健康照顧領域。當大家愈來愈熟悉益生菌使用的臨床資料時，像是自閉症的例子，消費者與病患對於這些微生物重要性的認識與治療需求，都會大大提升。如此一來，我們可以期待發展出針對特定狀況量身訂做，更好的益生菌產品。

近來，自閉症社群出現食物與補給品的需求，也就是無酪蛋白與無麩質的

飲食（GFCF），另外對益生菌微生物的需求也增加。問題浮現了：製造符合無酪蛋白與無麩質的益生菌，可能嗎？無酪蛋白與無麩質的飲食牽涉許多層面問題，目前還沒有解答。

現在含有益生菌的產品如排山倒海而來。無論如何，大部份的人都同意，要適時注意益生菌生長條件與製造方式，最後的成品才可能被視作無酪蛋白（或無牛奶）產品。因為一般培養與加工過程，細菌會消耗培養基中的乳品元素，在濃度／純化益生菌的過程中，剩餘的就會被分離了。但是，目前的醫學檢測方法（就是把物質分離然後逐一檢查元素的方式）在本質上，要達到這個結果很難。

我們討論酪蛋白的目的，基本上是因為擔心它產生外啡肽。這很重要，因為那些受制於酪蛋白分析的益生菌微生物，含有可以分解這種外啡肽的酵素。我們早先有提到，最近研究顯示，益生菌微生物被用來作為健康補給品，含類似 DPPIV 的酵素（例如 PepX）的成份，這種酵素可以用來分解外啡肽。值得

注意的是，愈高劑量的益生菌補充品，可能更有機會被檢測出來含有酪蛋白的假陽性結果，同時產生異常大量的 DPPIV 酵素。

整體而言，這些資訊可以幫助我們釐清一些自閉症益生菌補給品的問題，還有一些測試之後的差異。近來，在研究益生菌微生物的酵素學上有很大的進步，因此依據實際任何可偵測到的生物學上的意義，來檢視酪蛋白測試，都是很有意義的。

研究指出，恢復憂鬱症患者健康的腸道功能，可以改善症狀。使用酶治療和使用益生菌治療均取得了積極的臨床效果。在美國芝加哥的拉什兒童醫院和兒童腸胃道與營養中心進行了一項研究：研究者選擇了十一名患有憂鬱症的兒童，整個過程中只使用了最低劑量的口服抗生素藥物，然後經過多次治療和評估。結果顯示，腸道菌群和腦部存在某種可能的關係，改善腸道菌群可以作為預防和治療憂鬱症的措施之一。

雖然人們對益生菌的研究尚處於幼年時期，但是，這個嬰兒很快就會長

大，因為很多藥品公司已經涉足這一令人興奮並有效的保健領域。隨著益生菌在各種疾病治療中的臨床數據愈來愈多，消費者和病人對這些有機體的重要性的認識，以及對使用它們治療疾病的需求也將提高。

第四章
益生菌可以
舒緩失智症的症狀

什麼是失智症？

失智症，又稱阿茲海默症（Alzheimer's disease，簡寫AD）是一種漸進行性神經退化性疾病，特徵是記憶、語言、視覺、空間知覺力、判斷力和態度的機能退化，但仍保有運動功能。失智症通常發生在六十五歲之後，但其症狀可能早在四十歲左右就發生，記憶力下降，隨後幾年，認知能力、人格和行動力衰敗，也可能出現精神混亂或躁動不安的狀態。

每個人大腦變化的類型、程度、結果和進程大不相同。失智症的早期症狀有健忘、注意力不集中，但很容易被忽視，因為這些症狀和衰老的症狀相同，也可能是因為疲勞、悲傷、憂鬱、生病、視覺或聽覺喪失、飲酒或服用某種藥物引起的，或者只是因為需要一次記住太多細節。

失智症是一種漸進性疾病，進程因人而異。有些人會在生命的最後五年罹患這種病，有的人可能要忍受長達二十年的折磨。引起失智症患者死亡的主要

原因是不同類型的感染，如細菌感染、花粉感染或肺病感染。

失智症是一種老年病。事實上，九成的失智症多發生在六十五歲以上的人，六十五歲之後，年齡每增長十歲，患病的機率就加倍。據流行病學專家估計，超過八十五歲的老人中，有一半人可能患有失智症。目前，在美國有大約五百萬名失智症患者，世界其他地方約有一千五百萬患者。由於世界人口正趨於老齡化，在不遠的將來，這數字還可能更高。

什麼原因引起了失智症？

關於失智症的病因有很多不同的理論，其中最被廣泛接受的是「澱粉樣蛋白串聯假說」。基本原理是，β澱粉蛋白向大腦輸送一種有毒物質，干擾或阻斷正常信號輸送。

另一種是「重金屬中毒」說。鋁是致病主嫌，而一些研究也證實了鋁與失

智症的某些關聯。具體過程還不確定，但這一理論是這樣的：鋁壺、鋁鋼、制酸劑等都含有鋁。誤食鋁，會造成酵素或蛋白質的流失，而這些酵素或蛋白質能夠消化分解還未成形的毒性化合物，要是沒有這些酵素，這場仗要怎麼打下去？

「鑰匙和鎖假說」可以解釋這個過程。要理解這一假說，你必須知道：酵素，通常是一種蛋白質或醣蛋白，具有特定的結構。為了使酵素能夠正常發揮功效，這種特定的結構也必須是完全正確的。更具體的說，酵素的結構必須配合它的作用物，或者說酵素的食物。如果結構不適合，酵素就無法發揮功用。為什麼呢？

我們可以把酵素想像成「小精靈遊戲」中的黃色小精靈，只是吃東西時不需要動下頜，頜骨不用張開。並且，嘴的形狀要符合識別序列或者目標區域（就是酵素的作用物），就像一把鑰匙開一種鎖一樣。這種配對得要天衣無縫，非常嚴格。重金屬使酵素失去活性的情況並不少見。如果說酵素具有特殊的結

構，那麼重金屬就是能夠進入這個結構，並附著其中的物質。重金屬附著在哪裡十分重要，因為它的位置能決定酵素的結構是否會被改變，這種改變被稱為「構象變化」。

假設重金屬不是附著在「黃色小精靈」的嘴裡（它可以附著在任何地方，但讓我們假設它附著在固定的地方），這種附著也可能會改變結構。如果結構真的改變了，那麼就可能會使「黃色小精靈」的嘴發生一定程度的扭曲或者變形。「黃色小精靈」就會出現唇裂或類似情況，無法進食。換句話說，「黃色小精靈」也就無法吃進它的作用物了。

那麼，酵素一旦失去作用（至少無法發揮全部作用）會發生什麼事呢？毫無疑問，它們的食物——或我們需要的作用物——就無法被吞食。這些沒有被吃掉的食物叫做「胜肽」，將在體內積聚，胜肽是由蛋白質或蛋白質成份構成的。體內胜肽和蛋白質的生成是十分有規律的：它們是在特定的時間和位置生成，生成過程也有嚴格順序。這很正常。而酵素的作用也是如此，就是分解胜肽，以便胜肽能夠在身體的其他系統被運用。

如果由於某種原因，分解胜肽的過程沒有發生，那麼疾病就會入侵。當蛋白質和胜肽在體內聚集時，它們會形成一種結構，叫做「粥狀硬化」（plaques）。它具有細胞毒性，會殺死其他細胞。在失智症中，大腦中生成的粥狀硬化會損害神經細胞的功能，殺死其周圍的細胞組織。

腸內菌群的變化與失智症也有一定的關係。一旦腸內菌群失去平衡，就會出現腸道問題，如腸滲漏綜合症，會使未被消化的化學物質（包括重金屬和其他有害物）滲透進腸道內層，然後進入血液循環，產生金屬中毒，導致失智症。

失智症的治療方式

德國醫生阿茲海默在一九〇七年發現的失智症，向來都非常難以診斷與治

療，特別是很多症狀都跟其他因素有關。例如，蛋白質在神經細胞外堆積成粥樣硬化，這症狀只有在失智症患者身上才會發現。然而神經細胞外蛋白質纖維的扭曲糾結，也可能發生在其他腦部疾病患者身上。同樣，大腦中海馬體的受損會干擾記憶過程，引起血壓不穩和神經傳遞介質（使神經細胞能夠互相傳遞消息的化學物質）失效，這種損傷卻不僅限於失智症的病症。因此，衰老引發的失智症病因很多。

失智症現在是藉由神經心理學的測試法，一系列紙筆測驗來評量每個人的認知功能，某幾個特殊方面的狀況。例如智商、記憶力、組織能力等等。這些都是很標準制式化的測驗，也就是把個人成績與大量底線資料做比對，藉此顯示與一般人差異的程度。神經心理學的測試法很準確，有大約百分之八十至九十五的預測準確度。

未來，影像測試，如正子電腦斷層（PET）掃描和電腦斷層（CAT）掃描，可能會變成更重要的診斷依據。這些測試是非侵入性的，提供一些指定組織（如：大腦）的影像細節。醫生可以藉由正子電腦斷層的影像，辨識腦部是否有受損。特殊腦部病變辨認，只能在患者死亡後進行。只是，病變的多寡，並不完全是與失智的程度有關。無論如何，解剖才能確認最後診斷。

電腦斷層掃描也可以協助判別疑似失智症的失調狀況，但在疾病初期階段，並不能只憑電腦斷層掃描作為確切診斷的依據。在較後期的階段，電腦斷層可以顯示失智症特有的變化，比如說大腦組織凹陷萎縮，腦室擴大。因此，電腦斷層掃描在診斷失智症的早期階段，並沒有幫助。

目前既沒有辦法根治失智症，也無法減緩病情的發展。對於早期或中期患者，服用塔克寧（Tacrine）等藥物可能幫助緩解某些認知方面的症狀。由於失智症引起的輕微或中度癡呆，也可以用愛憶欣（多奈派齊）和憶思能進行治療。這兩種藥物都是可逆性乙醯膽鹼酯酶（ACE）抑制劑，幫助治療由失智症引起的記憶力和思考能力喪失（ACE 是一種使大腦正常工作的重要的神經傳遞介質，數量愈多愈好）。

還有一些藥物可以幫助控制失智症在行為方面的症狀，包括失眠、易怒、失神、焦慮和憂鬱。這些治療主要讓病人感覺舒服一點。

Probiotic

益生菌療法

使用益生菌治療或者防止失智症有多個原因。例如，攝入磷脂酰絲氨酸（PS）可以恢復衰退的細胞膜，因為一般認為，細胞膜的衰退是致病的原因之一。PS可以在人體內製造，也可以食用蛋類和補充劑攝入。攝入PS，可以確保身體裡的所有微生物——細菌和細胞——都含有由磷脂類組成的細胞膜。即使一個細胞死亡了，它的細胞膜仍然保持原樣（假設這個細胞不是由於細胞膜受損而死亡）。

攝入PS不僅有預防作用，也有治療作用。在細胞踏上死亡之旅後（記

住，所有的細胞最終都會死亡），如果給細胞添加一些ＰＳ，它們會更加耐用、更加快樂。有了ＰＳ，細胞會更能抵禦囤積體內的毒素的侵害。不要忘記，體內聚集的血小板會殺死細胞。案例顯示，服用大劑量的ＰＳ（一天三百毫升）能減緩或者抑制失智症。

如果你現在開始攝入一些細菌，大部分的細菌肯定會死亡。但是，這是好現象，因為這些細菌的細胞膜組成部分大部分是磷脂類，死亡後會被身體吸收。（後面我們會談到為什麼希望某些益生菌能夠存活下來。）這個過程會減緩或者阻止失智症中的退化病徵。

益生菌真的能夠扭轉失智症的退化過程嗎？在某種程度上是可以的。攝入ＰＳ或類似物質可以改善症狀，因為它幫助身體處理胜肽。儘管如此，對失智症患者來說，身體分解胜肽的速度，無法跟上製造的速度。這也許是因為酵素已經失去活力或衰退（即無法發揮最大效用）了。如果能減緩胜肽生成的過程，也許身體就能自行分解，這樣就能消滅那些入侵身體的有害分子了。

此外，有些自然成分能夠使體內製造的酵素增加，並分解胜肽的數量。事實上，大家都知道身體可以從腸胃道中吸收完整的酵素。益生菌能夠產生各種酵素，品質也很好（我們在第五章關於乳糖不耐症的部分將詳細談論這個問題。）

綜上所述，攝入大量益生菌，能把其中所含的酵素吸收進循環系統，許多有害成分在囤積和生成粥狀硬化之前就被消化掉，這不是幻想，而是可能實現的。再次提醒一下，長期的粥狀硬化累積被認為是引起失智症的原因之一。

線粒體機能不良也是失智症的原因。線粒體是細胞的發電站，為細胞提供能量。當線粒體無法正常發揮作用時，自由基就會增多，體內鈣的含量也會上升。這兩種情況都跟失智症有密切關係。

自由基是一個含有奇數個電子的分子，因此它有開放（或半開放）鍵，非常活躍。生成自由基是身體正常活動的一部分，事實上該活動一直處於運行狀

態。微生物卻可以控制自由基，能在它們生成後將其消滅。當自由基被允許自由囤積，它們就會追趕健康細胞，以閃電般的速度殺死它們，同時生成更多自由基。

體內鈣含量過高也是有害的。為什麼？鈣在信號傳導的過程中起很大作用。簡單來說，信號傳導過程是指以細胞外接收信號後傳入細胞內，影響DNA。當這一過程發生在神經細胞上時，它會影響電脈衝通過時所需要的電壓梯度。鈣是帶電分子，改變細胞內外鈣的數量，就會改變細胞生成電的能力。

益生菌可以幫助穩定體內鈣的含量。若身體攝入的那麼多的鈣，益生菌就會消耗那麼多的鈣。要是益生菌無法消化掉的鈣，就會和其他正常的體內廢物一起排出。而且，鈣通常處於結合狀態中，所以，如果體內鈣太少的話，益生菌也會將鈣以結合狀態排放出來。

異黃酮素（天然雌激素成份，通常從大豆萃取）對失智症的治療，也具有間接的重要性。有一種蛋白質叫做tau，受到雌激素與雌激素相似成份的調

節，例如在植物中找到的大豆異黃酮素。異黃酮素有二種，含醣與不含醣。含醣時，異黃酮素變得又大又笨重。為了使吸收更容易，通常會把醣移除。有種酵素叫做葡萄糖苷酶，可以把異黃酮素分子上的醣斬除，使其容易被吸收。而這個階段必須發生在使用異黃酮素之前。切記服用補充品時，不僅是要選擇高品質蛋白質的產品，也要選相對好吸收的異黃酮素。

由於「嬰兒潮」時代出生的一代人正在迅速接近早期失智症的年紀，我們應該更瞭解這種疾病。尤其要考慮到，許多政府管理人員們正處於或接近這個年紀。美國前總統雷根在卸任後不久就被診斷出患有失智症，也暗示了總統未卸任前的身體狀況，讓人十分震驚。

在找到根治失智症的方法之前，益生菌療法是十分有價值的，最起碼它能減緩疾病的進程。益生菌不僅能減緩失智症，還能提高患者與其親朋好友的生活品質，影響可說是無遠弗屆。

世界上少有的幾個以長壽而著名的地方，他們大多數和保加利亞的長壽人群一樣，有著使用益生菌發酵乳的習慣。中國和日本的研究人員曾對本國的長壽村（日本山梨縣崗原、中國廣西的馬縣）的健康老人的腸道菌群進行過細致的研究，發現他們的飲食都較為簡單而規律，主要有小麥、大麥、玉米、豆類、薯類、蔬菜等。這樣的膳食結構意味著蛋白質、脂肪和熱量很低，膳食纖維含量豐富。兩國研究者的結論也極為一致：這些長壽老人腸道內有益菌群（雙歧桿菌）的數量較多，而有害細菌（魏氏桿菌）的數量較少。這表明了益生菌有抗衰老的作用。因為雙歧桿菌能夠啟動人體免疫系統，並隨時保持免疫監視和免疫清除的功能，不斷清除衰老、死亡細胞以及突變細胞，使人體不致因死亡細胞、廢物堆積而衰老。

不少科學家認為，人類全身的細胞以出生到死亡的全過程中大約更新二十五代，而人體細胞更新一代的時間大約為五年，從而推算出人類壽命的上限為一二五歲。所以，通過益生菌療法改善人體的功能和健康，從而將人類目前的平均壽命延長十至二十歲並不是沒有可能。

第五章
益生菌可以
治療乳糖不耐症

什麼是乳糖不耐症？

乳糖是牛奶中主要的醣分。乳糖酵素主要是由小腸絨毛最頂端的細胞所製造。乳糖不耐症是指身體無法消化大量的乳糖，而產生這種情況的原因是缺乏乳糖酵素。乳糖酵素會分解乳糖，成為更簡單的形態，有助進入血液吸收。要是缺乏乳糖酵素分解乳糖怎麼辦？儘管不會造成致命後果，但還是造成很大的痛苦。常見症狀包括反胃、腹部絞痛、脹氣和腹瀉，通常在食用含有乳糖的食物或飲料後大約三十分鐘到二小時後，這些症狀就會發生。

這些症狀的程度不盡相同，主要取決於個人能攝入的乳醣分量。大多數被診斷患有乳糖不耐症的人，也有可能喝下一杯牛奶——乳糖含量為一〇至二〇克——而不出現上述症狀。但有一些人可能連一杯牛奶也消化不了。其實，不是所有乳糖消化有問題的人都會出現那些症狀，而是只有出現症狀的人才被認為患有乳糖不耐症。

有將近三千萬～五千萬美國人患有乳糖不耐症，而某些種族或民族的人更容易患這種病。多達百分之七十五的非裔或美國印地安人、百分之九〇的亞裔美國人不能消化乳糖，而北歐裔美國人則很少出現這種情況。

乳糖不耐症也和年齡相關，年紀愈大就愈容易患病。年紀較大的成人（大於五十歲）中，將近百分之四六的人患有乳糖不耐症，而成人（小於五十歲）中的患者才有百分之二十六。年齡在六十至六十九歲之間的老人，百分之六十五會出現乳糖不耐症的症狀，其中百分之三情況較嚴重。

是什麼原因引起了乳糖不耐症？

罹患乳糖不耐症的某些原因眾所皆知。例如，某些消化道疾病或小腸的損傷會減少酵素的數量。有些病例中，孩子生下來沒有能力產生乳糖酵素，稱為先天性乳糖不耐症。但是對於大多數人來說，乳糖不耐受現象是隨著時間推移

自然產生的。大約二歲之後，身體產生的乳糖酵素開始減少，隨年齡增加，從青少年到老年，愈來愈少，因此，很多人直到老年才出現各種症狀，這叫做成人型乳糖不耐症。

在進行深入討論之前，我先來解釋幾個專有名詞。前面已經提到，乳糖是一種糖類。嚴格來說，它是複雜的糖類，不僅僅只有一種形式。乳糖含有兩個醣分子，因此，它通常又被稱為雙糖。乳糖是由一個葡萄糖，一個半乳糖共同組成的。這是兩種十分相似的醣分子，它們的區別頗為微妙。

正常情況下，人的身體能生成酵素分解雙糖。每一個雙糖需要製造自己的酵素，也要酵素來消化。再強調一次，乳糖是被一種叫做乳糖酵素所消化吸收，其正確名稱為β半乳糖甘脢（藥局出售這種酵素的提煉物，治療乳糖不耐症）。β半乳糖甘脢被吸收後，就將葡萄醣分子和半乳醣分子分離開，身體能夠再利用它們去製造其他東西。例如，這兩種分子都能作為細菌群的食物，能在體內被徹底消耗掉。

記住，乳糖酵素和β半乳糖甘脢是同一種酵素，具有相同的功效：消化乳糖。當體內的這種酵素數量太少，就會罹患乳糖不耐症。

乳糖不耐症的診斷

一般而言，乳糖不耐症的診斷是測量消化系統吸收乳糖的能力，有乳糖不耐測驗、氫氣呼出測驗、糞便酸性測驗三種方式。這些測試都要在醫院診所才能進行。

乳糖不耐測試讓受測者進食一段時間後，喝下含乳糖飲料，然後在兩小時後，重複抽血檢查血糖上升的情形，代表身體對乳糖的吸收能力。一般狀況下，當乳糖進入消化系統，會被乳糖酵素分解成葡萄糖與半乳糖，然後肝臟會把半乳糖代謝成為葡萄糖，進入血液，使血糖上升。如果無法完全分解乳糖，而無法使血糖上升，就確認得了乳糖不耐症。

第二種氫氣呼出測驗是測量受測者呼出氣體中的氫氣含量。一般來說，正

常人呼出的氣體中的氫氣量應該很低，而乳糖不耐症患者在喝下含乳糖的飲料後，無法被小腸吸收的乳糖會被大腸中的細菌分解，產生含氫氣的大量氣體。這些氫氣被大腸吸收後經血液循環送到肺部，由呼氣中排出，因而可以測到其中氫氣含量的增加，因此可能有乳糖消化不良的可能。有的食物、藥品與香煙可能會影響這個測試的準確度，所以應該在受測之前，避免攝入。

乳糖不耐測試與氫氣呼出測驗不適用於嬰兒或年紀很小的孩子。因為嬰幼兒在喝下測試用的含乳糖飲料後，可能因大量水瀉，而引發脫水的危險，醫師多半會直接建議先改食用豆奶，取代牛奶，等待症狀消除。

有必要作確定診斷時，可作糞便酸性測驗，確定糞便中的酸性。無法代謝乳糖時，未經消化的乳糖會在大腸中經細菌的發酵作用，產生乳酸及短鏈脂肪酸，使排出糞便的酸性增加。

乳糖不耐症的治療方式

不食用牛奶和奶製品似乎是避免乳糖不耐症的唯一選擇。然而，牛奶對於我們的健康有很多好處。總體來說，牛奶和奶產品含有很多對身體有益的物質。除了已經討論過的醣分以外，它們還含有高品質的蛋白質、控制荷爾蒙的物質（如：醣巨肽）和抗病毒化合物（如：3'-Sialyllactose）。

當我們注意到自己無法直接消化牛奶或乳製品時，可以選擇可吸收的發酵奶產品。優格就是最受歡迎的奶製品之一。優格含有大量好處多多的β半乳糖甘脢。特別是β半乳糖甘脢能夠延長食物通過腸胃道的時間，這對腸道功能和結腸細菌叢（友好細菌）有幫助。最重要的是，它可以緩解乳糖不耐症的症狀。

如何辨識生活中的乳糖？

儘管牛奶和奶製品是獲取乳糖的唯一天然管道，但是在許多其他食物中，也可以找到乳糖。事實上，乳糖很便宜，所以加工食品中經常會添加乳糖。乳糖常被用來做添加劑，使產品達到指定的重量或形狀。例如，假設一個維他命膠囊的重量應該重五百毫克，但加入所有成分後，僅有四百五十毫克。根據法律，製造商必須讓膠囊的重量達到五百毫克。他們當然希望能用最便宜的方法解決問題，所以就再加五十毫克乳糖。一些食物的情況也是如此。

不幸的是，食品商標法允許在食品中添加乳糖，只要不超過一定數量就無須上報。這就意味著，你可能在不知不覺之中吃下乳糖，如果你患有乳糖不耐症，問題就來了。因此，你應該弄清楚哪些食物有可能含有乳糖，就算很少量。可能含有乳糖的食物包括：

◎麵包和烘焙食品

◎加工早餐穀物

◎速食馬鈴薯、湯和早餐飲品

◎人造奶油

◎午餐肉（譯註：罐裝壓縮的肉糜）

◎沙拉醬

◎糖果和其他零食

◎鬆餅粉、餅乾和小甜餅的材料

有些食物雖然標有「非奶製品」字樣，如粉狀咖啡奶精和打發鮮奶油，成份也是來自牛奶，因此也會有乳糖成分。

乳糖是一些藥物的常見添加劑。百分之二十的處方藥和大約百分之六的非處方都是用它來做基本成份。例如，許多避孕藥都含乳糖，還有一些治療胃酸

和脹氣的藥也含有乳酸。然而，這些藥物只對患有嚴重乳糖不耐症的人有影響。

如果你自己或家庭成員患有乳糖不耐症，那麼你應該成為一個聰明的消費者，學會仔細閱讀商標說明。不僅要在商標的成分欄中搜尋牛奶、乳糖，還需要留意類似下面的單詞：乳清、凝乳、牛奶副產品、脫脂奶粉。如果商品含有以上任何成分，那麼它就含有乳糖。

菌群失衡與乳糖不耐症

一般而言，當人體攝入乳糖，身體會找方法消化它。身體不是以自己產生的β半乳糖甘脢（也就是乳糖酵素），不然就是用膽中的益生菌所包含的乳糖酵素來分解乳糖，把乳糖變成身體可以吸收或利用的葡萄糖與半乳糖形態。

為了便於討論，我們假設某種疾病或其他狀況使益生菌的數量不足（而益

生菌中又含有大量β半乳糖甘酶），這就會造成β半乳糖甘酶的數量不足。正如在本書中其他地方提到的一樣，體內益生菌（或者好的）微生物減少的話，致病（或有害）微生物就會變多。腸胃道中有一些致病微生物很正常，由於種種因素會受到控制。（換句話說，要消滅全部有害細菌也是不可能的）。然而，體內存在太多有害細菌也是個問題，因為益生菌和病原細菌都是以乳糖為食物。（你也許會好奇，乳糖是不是一種益生元，答案是否定的。理由是，根據定義，益生元必須是活化益生菌，而不是活化致病微生物。）

如果體內只有少量益生菌卻含有大量病原細菌，猜猜誰會吞食乳糖呢？是病原細菌。這顯然不好，然而還有一個原因使它更令人不快：病原細菌會生成氣體。事實上，它們有時被稱為「氣體製造者」。而在正常情況下，益生菌是很少甚至完全不生成氣體的。氣體會導致腹脹或者腸腫脹，這會讓人很痛（任何人只要曾經試著忍耐這種疼痛，無論多長時間，都深有體會）。氣體會導致脹氣（或放屁），也都不是很舒服。

腹瀉是乳糖不耐症患者的另一個主要問題。通常乳糖不會完好無損地進入結腸，它會在到達之前被消化吸收。但是如果患有乳糖不耐症，乳糖就會迅速通過腸胃道進入結腸（大腸的一部分）。而結腸是消化過程中吸收水分的地方。如果結腸內乳糖過量，水分就無法被吸收，導致腹瀉。

這些症狀都可以用市面上含有提煉過的β半乳糖甘脢（乳糖酵素）的藥物來治療。市面上還有一些所謂的非乳糖食物，這些產品大多加入了乳糖酵素。它們能在被體消化的過程中分解乳糖。

Probiotic 益生菌療法

治療乳糖不耐症的一個民間療法就是食用新鮮優格，每毫升優格大約含有一千億個益生菌。這也是即使食用大量益生菌也不會有危險的原因。長期以

來，人們一直通過優格這樣的食物攝入大量乳糖，這比目前在膠囊中找到的乳糖數量要多得多。為了避免出現消化不良的症狀，每次乳醣分解需要至少一百億至二百億個微生物，可見，益生菌是愈多愈好。

服用益生菌的原則是種類愈多愈好。因為每個人的身體狀況都是不同的，所以最好是嘗試不同種類的益生菌。重要的是，保持體內每一種益生菌的數量，因為每一種益生菌都會給腸胃運動帶來不同作用。腸胃道內現有的益生菌數量不同，它們的存活機率也不同。有一些在胃囊或膽囊中的益生菌比其他益生菌更加頑強。在這裡，你當然不要最頑強的益生菌。

藥店出售的通常是非常頑強的益生菌微生物。事實上，益生菌的這種特點還被當做賣點，因為它們能在體內長時間停留。很多公司還宣傳這對發揮益生菌的作用極為重要。但是特別是對患有乳糖不耐症的人來說，事實並非如此。為什麼呢？

對於乳糖不耐症患者來說，問題很緊急也很棘手。你的身體必須快速產生

消化益生菌的酵素，以便它們能馬上對你體內的乳糖產生作用。否則，這些乳糖將會快速通過腸胃道。確保益生菌快速發生作用的方法就是大量輸入β半乳糖甘酶。所以要注意，不同的益生菌會產生不同的酵素。

益生菌進入體內後，它所含酵素的是密封的，與乳酸分開的。假設益生菌是裝酵素的「包裝袋」。當「包裝袋」撞上胃時，有的會破裂，有的則不會，這取決於菌種的強度。例如鼠李糖乳桿菌和嗜酸乳桿菌的抵抗力就很強，可以通過胃進入腸胃道而毫髮無損，而不是將β半乳糖甘輸送至小腸。

相較之下，嗜熱鏈球菌和保加利亞乳桿菌在胃裡的抵抗力就小多了。它們大多數在到達腸胃道之前都會被分解掉，所含的β半乳糖甘酶也就被釋放進腸胃道。然後β半乳糖甘酶就能自由地找到乳糖，分解乳糖。所以，你真正需要的是大量不同種類的益生菌產品，兼顧胃、腸的需要。

有的製造商為了促購，企圖給你錯誤的信息，說某些益生菌之所以能釋放酵素是因為對胃液的抵抗力較小，所以它們所含的酵素才能被吸收。這種說法

沒錯——有一些益生菌的情況是這樣。但這裡的關鍵字是「一些」，這也是為什麼需要大量補充益生菌。畢竟，這是個數量遊戲。

在《布魯奈克療法》（Brudnak method）裡有提到一個原則，暫停與交替服用益生菌的種類。你可以這樣做：如果進餐時攝入了大量的乳糖，那麼同時也須攝入大量的益生菌。我喜歡選擇混合產品，因為這樣，有些益生菌會被破壞，而有些則會完好無損地進入腸道。但你需要的是那些抵抗性不強、容易分解的益生菌。

這就出現了一個問題，什麼時候補充益生菌呢？餐前、餐後，還是進餐的同時？關於這個問題，已經有許多爭論了（其中有些爭論十分愚蠢），所以我就開門見山地解釋一下。首先，這取決於你補充益生菌的目的是什麼。如果你只是想給身體補充一點營養，沒有什麼迫切性，那就在用餐的同時服用。因為此時胃囊裡的酸鹼值會升高，還會為益生菌提供一定程度的保護。如果你是為了治療某種病症，如乳糖不耐症等，那你就應該在餐前補充益生菌，才好利用胃液釋放酵素。不要在餐前太早補充益生菌，因為你並不希望它被胃裡的鹽酸破壞掉。

關於益生菌能否和酵素補充劑同時服用，還存在很多爭議。我們已經討論過益生菌中酵素的用處了。除了乳糖酵素，益生菌還含有脂肪酵素、蛋白酵素、胜肽酶等其他酵素。我們知道益生菌在不斷分解，釋放出其中的酵素，與其他益生菌和人體組織發生反應。我們也知道，這不會給我們帶來什麼問題，相反，它是有益的。益生菌和酵素也同時存在發酵過的食物中，我們把食物連同酵素一併吃下。

有爭論說，某些酵素會消化掉益生菌的附著點，所以不應該和益生菌一起攝入。這種情況是十分偶然的，因為大多數附著點是很難到達的，只有益生菌才能「看到」它們的位置。事實上，這些附著點被一層叫做「多糖被」的物質覆蓋保護著，以免發生這種被消化的情況。此外，益生菌自身也已經進化出一種保護層，以抵禦對其酵素的降解。是的，少量的益生菌會被消化掉，但這沒

什麼好擔心的。總而言之，即使益生菌和酵素一起被人體攝入，也能很好地發揮功效。

如果你有乳糖不耐症，攝取益生菌補給品很值得投資。我自己就這麼做了好幾年，目前結果我很滿意。我也建議病患適時服用補給品，效果也不錯。特別是你若患有乳糖不耐症，那請務必試試看益生菌！

在不久的將來，這一領域將出現令人興奮的實驗結果。我們的人口正在老齡化，而乳糖不耐症在老人中更加普遍，這也就意味著我們可以期待更多的研究和藥物來治療這種疾病。

母乳是最好的益生菌

為了預防和治療乳糖不耐症，母乳餵養是最好的選擇。人們早就知道，與喝牛奶的嬰兒相比，母乳餵養的嬰兒不容易發生消化不良，也不易腹瀉或感

冒。即使現代技術非常進步，嬰兒奶粉的成分與母乳已經沒有什麼區別，但人工餵養的嬰兒的患病機率仍高於母乳餵養嬰兒的二・五至三倍。其原因就在於母乳中含有抗體和益生菌，而大部分嬰兒配方奶粉中是找不到這些成分的。有科學研究發現：天然母乳餵養嬰兒，體內雙歧桿菌的數量是人工餵養的十倍。還有研究者以母乳中分離出了源自益生菌的抗菌物質（雙歧乳酸桿菌因子），此物質可以有效預防嬰幼兒易發的傳染性疾病，特別是腸道傳染疾病。

剛剛出生的嬰兒的腸道和糞便都是無菌的，在出生後的半年內幾乎不能產生抗體。這就需要在出生前通過胎盤從母體中獲得，也可以從母乳中獲得。其中，初乳尤其重要。母體產生的初乳並不具有很高的熱量，但含有濃縮的母體抗體，這些抗體建立了嬰兒的腸道免疫系統和機體免疫力。

有研究證明，在嬰幼兒時期不斷接觸微生物，有助於提高成年後免疫系統的健康和應答能力。順產和餵養母乳的嬰兒會自然地置身於那些對健康有益的細菌中，並獲得多種源自母體的微生物。而剖腹產的嬰兒和非母乳餵養的嬰兒

則不能從媽媽那兒得到足夠的益生菌源，腸道菌膜不健全，可能會出現體質弱、食慾不振、大便乾燥等現象，所以要注意補充含有益生菌的營養品。

可以說，益生菌是母親送給孩子的「第一把保護傘」。有一個有趣的真實故事，很適切地解釋了源自母親體內的益生菌對嬰兒健康的影響。

在美國西部一個印第安人部落裡，嬰兒常會染上一種奇怪的疾病，人們認為是由於分娩環境惡劣所致。於是，一些印第安孕婦為了孩子的健康，到城裡條件好的醫院去分娩。可是，在醫院裡出生的嬰兒也一樣染上這種病。

醫生研究後發現，這個部落有一種奇怪的風俗：嬰兒出生半天後就要與媽媽隔離。生病的原因是被隔離的嬰兒沒能從媽媽身上得到足夠多的有益菌，難以抵抗病菌的侵害。而出生後一直與媽媽在一起的嬰兒卻沒有染上此病。

原來，媽媽在自然分娩及與孩子接觸時，身體中的有益菌（益生菌）就會傳到嬰兒的腸道內，益生菌迅速繁殖，並在腸道表面形成益生菌占優勢的保護

菌膜，有效地抵禦有害病菌的感染，這種現象正如莊稼茂盛的土地上雜草叢生一樣。

第六章
益生菌可以防治糖尿病並控制體重

什麼是糖尿病？

糖尿病是一系列新陳代謝失調的總稱，它會造成體內胰島素數量減少或者胰島素無法被充分利用，引起高血糖症。簡單來說，血液裡的醣分過高，但是身體卻無法正確運用那些醣分。

糖尿病分兩種。第一型糖尿病（又稱胰島素依賴型糖尿病）中，身體只生成少量或根本不生成胰島素，這被認為是一種自體免疫性疾病。這種糖尿病通常很早就會被診斷出來，因此有時被稱為青少年糖尿病。第二型糖尿病（又稱非胰島素依賴型糖尿病）中，身體控制血糖的能力下降。因為這種糖尿病常常是在年齡較大的時候被診斷出來，所以有時又被叫做成人糖尿病。

糖尿病是一種很廣泛的疾病，是全世界最常見的代謝失調現象。估計有百分之六的美國人患有糖尿病，人數大約有一千六百萬。其中大多數人是屬第二型糖尿病，並引發心臟病、腎病、中風、失明和早逝。

特別是在美國和其他西方已開發國家，與糖尿病相關的體重控制也是個世界性問題。大家公認，西方人之所以體重易超標是因為他們久坐的生活形態，及食物脂肪含量過高。最近在美國的一項調查中，百分之六十五的受訪者聲稱自己的體重超標二至十三磅。而全國健康和營養中心的一項研究也得到類似的結論，現在體重超標的美國成年人占百分之六四·五。令人擔憂的是，這種體重過重現象也同樣出現在兒童身上，這為我們敲響了警鐘。

類似的研究獲得兩個令人堪憂的結論：第一，體重超標現象並沒有年齡、性別和種族之分，這也就意味著社會整體都出現了超重問題，而不是特定群組的人。第二，從二十世紀七〇年代起，超重人口的比例正在持續上升。

什麼原因引起了糖尿病？

通過對大多數病例的研究，人們認為糖尿病是由基因紊亂引起的，因為胰

臟無法生成和分泌足夠的胰島素。但對於第二型糖尿病來說，生活方式、患病時間和能否得到有效治療有密切關係。這些生活因素中，最主要的就是體重超標。體重超標的人患第二型糖尿病的可能性是正常人的兩倍。

體重超標和患糖尿病之間的關係是「先有雞還是先有蛋」的問題。事實上，肥胖症和胰島素抵抗之間的關係相當複雜。科學家們對這兩者之間關係的研究，也才初見成效。然而，我們所知道的是，如果一個人變得肥胖，其身體對胰島素的敏感度就會下降。

胰島素又被稱為「致肥荷爾蒙」。在食物中能量過多時，它幫助身體利用葡萄糖製造脂肪。胰島素是這樣工作的：胰腺中的特殊細胞分泌出胰島素，附著在細胞表面受體，發揮作用。而胰島素通過複雜的信號組織，通知大腦去利用葡萄糖。

除了胰島素，某些循環荷爾蒙對糖尿病和體重控制影響也很大。例如，瘦體素很大程度上控制身體對胰島素的反應能力，也指示大腦表現出飽足感。可

以把它想像成「飽足荷爾蒙」，因為它告知身體「你已經吃飽了」。

腸內細菌和糖尿病的發病雖然沒有直接關係，但腸內專家認為，有害細菌在腸內占優勢時，會產生大量的有害物質，為了幫助排毒，肝臟的負荷會大大加重。因為產生胰島素的胰腺與肝臟有密切關係，肝臟的負荷加大也會影響胰腺的不足，對胰島素的分泌發生影響。

糖尿病會引起許多其他的健康問題，包括視網膜退化、失明、腎病、神經系統損傷。糖尿病還會引起動脈硬化——一種常見的動脈硬化（動脈變厚變硬）。在一些極端病例中，這種狀況引起的動脈循環功能不良，會導致截肢甚至死亡。

體重超標同樣也會引起其他健康問題，例如心臟病、某些癌症、痛風（和體內過量尿酸共同引起）、膽囊症。除此之外，它還會導致睡眠窒息（睡眠中呼吸中斷現象）和骨關節炎（關節磨損）。體重愈重，出現健康問題的可能性就愈大。

糖尿病的治療方式

對於患有第二型糖尿病的人來說，減肥、多加鍛練、使用藥物（胰島素）和改變生活方式可以控制血糖濃度。除了這些常規療法外，益生菌療法愈來愈顯示出其優越性。我們比較擔心的是第二型糖尿病，飲食控制是健康生活形態最重要的改變因素，但即便如此，第二型糖尿病患者至少還是每日都要監控血糖濃度，包括用餐前、用餐後都要監控。

益生菌療法

在討論益生菌治療糖尿病之前，我們得記住，體重控制是前提。也就是說，糖尿病與體重控制息息相關。所以大致上，接下來談到第二型糖尿病處理方式，也可以應用在第一型糖尿病患者身上，至少，在使用益生菌這方面是如此。

以病理學上來講，治療糖尿病有三個基本策略：一、通過控制食物或服用藥物減少腸道中葡萄糖的吸收量；二、減少肝臟裡葡萄糖的合成；三、促進代謝過程對葡萄糖的使用。益生菌在第一和第三個策略中都十分有用，而在第二個策略中的作用卻不大，所以我們在這裡就不討論這一點了。服用益生菌無法全盤解決糖尿病與體重問題，但它扮演著重要的角色。

第一個治療策略──減少腸胃道對葡萄糖的吸收──可以通過含益生菌或益生元的食品，抑制葡萄糖的吸收。

在這個治療的策略裡，使用非常高劑量的益生菌是為了防止食物被身體消化後轉成脂肪。換句話說，食物一般是被消化吸收，但卻被益生菌吃掉了。所以你可以吃蛋糕，然後益生菌會把蛋糕吃掉！

葡萄糖在腸道裡，可以以不同形式存在。正如前面提到的，葡萄糖可以和其他醣類結合，形成更複雜的種類。然後被身體分解，釋放出葡萄糖，再吸收。例如，身體要把蔗糖分解成最基本的組成元素──葡萄糖和果糖，然後再吸收它們，那麼腸道裡就一定要有蔗糖。益生菌在這裡的角色就是益生菌以葡萄糖為食，就和病原細菌一樣。事實上，身體裡的各個組成部分都喜歡葡萄糖，它是最基本的能量來源，所有身體組織都能輕易地利用它。所以，身體組織的代謝系統都把葡萄糖作為主要的能量來源。

既然如此，腸道裡的益生菌是怎樣幫助治療糖尿病和控制體重的呢？假設

你攝入了很多糖（為了簡單起見，假設這些糖是葡萄糖，但是對其他醣類來說，原理也是一樣的）。如果你吃下了純葡萄糖，會發生什麼事呢？不是陷入糖尿病昏迷，就是葡萄糖被全部吸收。為了達到這個目的，葡萄糖必須先進入腸道，通過腸道圍繞在上皮細胞中的任何東西（如果有的話）。在健康的胃裡，益生菌會包圍著這些上皮細胞（或者說層疊在上面）；而在一個不健康的胃裡，只有一堆病原細菌。

無論如何，葡萄糖被這些腸道上皮細胞吸收，然後進入身體其他部分（當然，這是建立在假設不是所有的葡萄糖都被上皮細胞利用的基礎上，其實大部份都不會被利用，因為上皮細胞喜歡其他來源的能量，並沒有那麼喜歡葡萄糖）。總而言之，腸胃道內的益生菌提供了第一個防護層，以免大量葡萄糖被吸收。這就是說，如果你補充大量益生菌，那麼已經加強了這第一個防護層，因為益生菌喜歡葡萄糖。

那麼，葡萄糖是益生元嗎？不是！根據定義，益生元特別是益生菌的食

物，而非酵母菌、大腸桿菌等病原微生物的食物。但是，這也不會改變益生菌需要葡萄糖的事實。如果周圍有大量葡萄糖的話，它們甚至都不碰其他的糖類。原因很簡單，因為吞食葡萄糖對益生菌來說毫不費力。所有生物都以順應成本／獲利率的關係。愈容易做的事情，生命體就愈有可能去做。益生菌體內有可以利用葡萄糖的組織，所以它們會吸收葡萄糖，然後吃掉它。

現在，回到我們攝取糖的例子。如果體內有大量益生菌存在，而且它們都在積極消耗葡萄糖，那麼在體內輸送的葡萄糖就會減少。直接結果就是血液裡的葡萄糖減少。如果血液裡葡萄糖含量減少，被肝用來製造肝醣（或進行其他活動）的葡萄糖就減少了，而肝醣是身體儲存葡萄糖的方式。最後，如果製造的肝醣減少了，一段時間之後，身體能夠轉化為葡萄糖的肝醣就減少了。記住，只需要提供大量益生菌，就能讓這些變化發生。

既然攝入大量益生菌大有好處，那為什麼不食用其他能在腸道裡找到的微生物體，如酵母和大腸桿菌，來加速這一過程呢？這樣做很危險。在食物中加

入酵母和大腸桿菌是自找感染。的確，這樣做會有效果，但是再考慮一下成本回報率吧。對於有限的好處來說，食用對生命有潛在威脅性的微生物，成本實在太高了。而且，我們能夠透過益生菌來獲得這些好處，為什麼還要冒這個險呢？

這又把我們帶回到體重控制和糖尿病的關係這個主題上來了。葡萄糖是一種非常好的能量來源，隨時貢獻自我以便生成其他物質。如果體內以葡萄糖形式存在的能量過多，超過使用需求，那麼身體會怎麼做呢？它會以脂肪的形式儲存起來，而那些肥肉很可能會陪伴你一生。公式很簡單：過多能量（即葡萄糖）等於體重上升。如果你攝入的卡路里比消耗的要多，你的體重就會上升。

在本節開始時，我們談到有三種主要的策略可以用來治療糖尿病，第三種就是加速葡萄糖的代謝。有幾種方法可以使你體內的細胞使用更多葡萄糖，食用益生菌是最有效的手段之一，它能夠很大幅度地影響腸道裡的活動。事實上，腸道裡的活動比身體裡的活動更加重要。

為了證明這一點，你想像腸道是連接身體外部。其實科學家就是這麼想的！他們認為腸道是一個中空的「管道」，從口腔到肛門，身體就包裹這個管道。「管道」是個很具象的比喻，因為通過腸道的任何東西都不直接和身體產生聯繫。換句話說，你吃下的東西從管道的一頭進去，又從另一頭出來，在這期間，吃下的東西會停留在管道裡。不僅食物如此，益生菌也一樣。它們在腸道自成一體的環境中運行良好。

正如前面提到的，人體內的細菌數量比細胞還多。這也就意味著，益生菌這種好細菌能在整個代謝過程中起很大作用，特別是在體重控制這方面，成效很好。如果在進餐時補充大量益生菌，益生菌消耗食物會遠遠超過你的身體對食物的利用，你吞下的食物就難以被完全吸收。

不相信？那就自己試試吧。如果攝入一千億個微生物（五至十粒膠囊，每粒含有二十至四百億個益生菌），你會感覺非常餓。因為益生菌會消耗體內大量的卡路里，這就是為什麼你會有饑餓感。如果你需要與飢餓感奮戰。有些產

品中會把一種叫檸檬烯的天然減食慾劑和益生菌共同使用，以減少飢餓感。這並不是說這些產品會造成厭食，而是對於它們破壞食慾的一種科學性的說法。

纖維類食品也是一個不錯的選擇。現在已有許多研究證實，纖維含量較多的食品（它們是容易滋生益生菌的益生元）有助於預防第二型糖尿病。德國研究人員在新的研究中發現，全穀類食品和很多蔬菜所含的非水溶性纖維，能夠改善人體對胰島素的利用狀況，有助於預防第二型糖尿病。

胰島素能調節血糖，胰島素敏感度下降是罹患第二型糖尿病的前兆。以往的一些研究已經表明，非水溶性纖維含量高的飲食，有助於降低罹患糖尿病的風險。為查明其中的關聯，德國人類營養研究所研究人員為十七位體重超標的女性設計了不同的飲食方案，以探索非水溶性纖維的功用。

研究人員讓參加實驗的女性，先連續三天吃富含非水溶性纖維的麵包，此後三天再改吃纖維含量少的麵包。對比分析表明，富含非水溶性纖維的飲食提高了這些女性的胰島素敏感度。他們把研究成果發表在最新一期的《糖尿病護理》上。

非水溶性纖維是指不能溶於水的膳食纖維，包括纖維素、木質素和一些半纖維以及來自食物中的小麥糠、玉米糠、芹菜、果皮和根莖蔬菜等。

第七章

益生菌可以
根治酵母菌感染

什麼是酵母菌感染？

真菌（fungi）通常自然地存在於身體中，酵母菌感染是某種真菌引發的感染。當體內真菌過多，會造成有害細菌控制大局，把有益細菌排擠出去，改變身體的環境（或生態），在有害細菌入侵的地方造成感染。

酵母菌感染可能會發生在身體的任何部位，男女皆可能感染。十六至三十五歲之間的女性較容易出現陰道酵母菌感染，但也可能發生在十、十一歲左右的女孩或年紀大於三十五多的婦女身上。而陰道酵母菌感染不一定是因為性行為引起的。

最普遍的酵母菌感染就是念珠菌型酵母菌感染。事實上有四種不同的念珠菌會造成感染，但有百分之八十都是白色念珠菌感染。很多女性都經歷過這種陰道感染。陰道炎也是一種陰道發炎症，也通常是念珠菌感染。

陰道酵母菌感染的主要症狀就是下體搔癢。其他症狀包括陰道分泌一種白

色無味的黏液，多伴有外陰唇灼熱疼痛，特別是在排尿時。並不是每個女性都會出現上述症狀，但大體上而言，如果不出現持續性的瘙癢，那麼就不太可能是酵母菌感染。有些女性在生理期會出現分泌物，在沒有出現瘙癢症狀的情況下，通常並不代表她被酵母菌感染。

儘管瘙癢是酵母菌感染的主要症狀，但如果之前從未出現過感染，你可能很難弄清楚是什麼引起了的不適。這時就需要醫生的診斷。以後，如果再出現類似的症狀，你就能弄清問題的所在，或者至少能區別酵母菌感染和其他病症。

有的女性比較容易受到酵母菌感染，原因目前還不清楚。但一般相信，這與免疫系統狀況有關。在接下來的篇幅裡，我們會討論益生菌對付酵母菌感染的用法，就能比較明白為甚麼這樣的推測很有道理。

什麼原因引起了酵母菌感染？

大部份的念珠菌型酵母菌感染，最主要的起因是身體疲勞、休息不足或生病引起的身體免疫能力下降。復發性酵母菌感染可能是由糖尿病等疾病，或身體、精神上的壓力造成的。除此之外，使用抗生素類藥物（包括避孕藥）、營養不良和食物的變化也可能是其中的原因。在一些罕見的病例中，復發性酵母菌感染是女性感染愛滋病病毒的徵兆。如果經過適當的治療，還不能痊癒，那表示感染愛滋病病毒的可能性就更大（在下一節的療法中我們將繼續討論這個話題）。

有些女性在生理期快結束時，出現輕微的酵母菌感染現象，這可能是因為身體荷爾蒙和酸鹼值變化引起的。這種感染通常無需治療，它會在生理期結束後自動消失。孕婦更易出現酵母菌感染。

天氣狀況也可能會影響酵母菌感染的機率。炎熱潮濕的天氣中，更容易感

染。在冬季，衣服過厚或室內溫度過高，也會增加患酵母菌感染的可能性。

酵母菌感染也可以透過性行為傳播。男性不太容易發現自己患有酵母菌感染，因為他們可能不會出現任何症狀。如果男性確實出現了感染症狀，那麼症狀可能包括：生殖器上出現潮濕且不斷脫落的白色皮疹，同時包皮下紅腫瘙癢。然而，與女性一樣，免疫力下降才是引起男性酵母菌感染的主要原因，而不是性行為。

避免傳播酵母菌感染的最好方法是避免性行為。如果無法避免，保險套可以為你提供最好的保護，除了避免酵母菌感染，還可以預防其他透過性行為傳播的疾病，包括ＨＩＶ病毒。沒有單一性伴侶的人，即使已經用其他方法避孕也一樣，在發生性行為時一定要使用保險套。如果一方被確診酵母菌感染，另一方也應接受治療。

一般藥物療法的弊端

美國藥品與食品管理局開放復發性酵母菌感染的藥品，不需要配合醫師處方箋，即可在藥房購買。但如果你從未受過醫師診斷為酵母菌感染，建議你還是在購買藥品前，諮詢醫師的意見。醫師可能會建議你到藥房買，或開藥給你，處方是一種叫做泰復肯（Diflucan，成份是氟康唑）的藥。美國藥品與食品管理局最近開放這種口服藥丸的使用管理，這種口服藥丸只要吃一顆，就可以清除酵母菌感染。

治療酵母菌感染的非處方藥含有以下四種活性成分之一：(1)布康唑（硝酸布康唑3）；(2)克霉唑（Gyne-Lotrimin 等）；(3)咪康唑（雙氯苯咪康唑7）；(4)噻康唑（Vagistat）。這些藥物都屬於同一個抗菌家族，作用原理也相同——打破假絲酵母菌的細胞膜，直到細胞最終被分解。美國藥品與食品管理局於一九九六年十二月和一九九七年二月分別批准把硝酸布康唑3和 Vagistat

以處方藥變成非處方藥。其他藥物則早在幾年前就被列為非處方藥了。

儘管這些藥物都有效，但治療後感染的復發率卻很高，約有一半病人在治癒後四週內就復發了。而且，這些藥物還有各種副作用。常見但不太嚴重的副作用有頭疼、陰道灼熱、感染、瘙癢、發炎。而不太常見的副作用有皮疹、喉嚨痛、腹痛、鼻炎、尿痛、夜尿頻多、外陰腫脹、陰道乾澀、發炎、疼痛以及性行為時出現疼痛。

想到有這麼多後遺症，你也許會質疑使用這些抗菌藥物到底值不值得。如果一種藥物的副作用和病症本身一樣可怕，或者更加可怕，一個快速的成本／獲利分析絕對會給出明確的答案：這不值得。復發率那麼高，大家應該在使用這些藥物前好好思考，所以在你決定之前，還是先跟你的醫師談談比較好。

Probiotic 益生菌療法

科學研究已確認，酵母菌感染中出現的微生物失調現象，是感染的結果。而且，人們也認識到是微生物失調引起了酵母菌感染，而不是酵母菌感染引起了微生物失調。解決這種失調的唯一辦法是調節泌尿生殖系統（UGS）中益生菌的數量，有以下幾種做法。

首先，一般泌尿生殖系統裡的益生菌會控制有害微生物。它們在身體其他部位所做的工作也差不多：生成一些複合物，其中有些是保留那些益生菌，直接攻擊有害的微生物。

其次，益生菌也會降低泌尿生殖系統的酸鹼值。這很重要，因為病原（有害）微生物不像益生菌那樣喜歡酸鹼值低的環境。益生菌自動生成乳酸等酸性

物質，所以又被稱為乳酸菌。它們的存在本身就可以抑制病原物的生成。最後，有害細菌將會發覺自己被酸性物質包圍，失去保護，然後死亡。

益生菌還會生成過氧化氫。在泌尿生殖系統中，過氧化氫有清潔傷口的作用，因為它會殺菌。病原細菌非常脆弱，而益生菌卻有更強的抵抗力。正如在前面所論述的那樣，這是場數量之爭，哪種細菌的數量更多，誰就能獲勝。這就是要補充益生菌，使它們的數量超過敵人——有害細菌的原因。

有以上的作用，益生菌就能被成功用於治療酵母菌感染上。補充益生菌的方法之一就是食用含有活性微生物的優格。這向來是一種傳統療法，在後面我們會詳細討論。優格還可以作為栓劑來使用。事實上，在歐洲就可以買到含有低壓冷凍的嗜酸乳酸桿菌的優格栓劑。通過低壓冷凍技術把大量乳酸菌裝入膠囊，然後放入目標位置（如陰道），在那裡膠囊會分解掉並釋放出益生菌。於是，益生菌就在身體裡不斷生長。

這就是健康人體內的自然狀態。益生菌在陰道或其他泌尿生殖系統部位生

長，抵禦有害微生物。我們體內的黏膜上都有益生菌，它們聚集在身體的管道或腔室裡，直接接觸空氣（如陰道裡的益生菌）或我們所吃的食物（如結腸裡的益生菌）。由於某種原因打破身體平衡，益生菌的數量減少，造成酸鹼值上升、細胞裡的附著點打開，致病微生物開始附著生長。

由白色念珠菌引起的感染，是最普遍的酵母菌感染現象，現在讓我們來特別討論一下。大家都知道乳酸能抑制白色念珠菌的生長，但是具體過程卻無人知曉。似乎是三個角色——乳酸菌、白色念珠菌和碳水化合物之間正在進行某種平衡活動。我們已經討論了前面兩個，那麼碳水化合物在這裡扮演什麼角色呢？

碳水化合物有不同的形式，但是它們的基本化學構成是相同的。它們的樣子並不重要，但為了使講解簡單，我們假設它們都是醣類。醣是由兩種物質組成的：葡萄糖和果糖。葡萄糖通常稱為血糖。大多數糖都能被分解或轉化成葡

萄糖，然後被有效利用。對身體細胞、細菌細胞和酵母菌細胞來說都是如此。幾乎所有的生命體都喜歡醣。醣的組成越簡單，就越容易分解，也就越快被吞食和利用。

身體的某個部分在什麼時間可以有多少醣，是受到嚴格控制的，因為微生物很可能濫用大量醣分，促進自身生長。這就是造成酵母菌感染的原因。在實驗室培育酵母菌或益生菌時，常常會加入醣分來加速細菌的生長。在細菌中直接加入純葡萄糖時，它們就像置身於天堂一樣。然而加入益生菌時，益生菌中的醣分（被稱為益生元）不會促進致病微生物的生長。而葡萄糖不是益生元，所以即使是有害細菌也可以利用它。

有幾種原因會造成體內的醣分過多，容易使人體罹患酵母菌感染。例如，含大量糖或碳水化合物的飲食，會促進酵母菌和類似微生物的生長。某些讓人無法充分利用體內醣分的病症（如糖尿病），造成體內醣含量嚴重超標。糖尿病患者通常會隨尿液排出大量醣分。這又給細菌和酵母菌創造了良好的生存環

境，即溫暖、潮濕、多醣的環境。

上面已經提到，優格被用來治療酵母菌感染已經有很多年歷史了。臨床結果卻很複雜：有時好，有時成效不彰。調查證實使用優格的問題之一是：並不是所有的奶製品都含有乳酸桿菌，而乳酸桿菌是治療酵母菌感染最關鍵的微生物，而且那些含有乳酸桿菌的商品所含的活性益生菌可能很少。要使優格療法成功，要找到一家聲譽良好，並且知道如何經銷和處理這些產品的廠商是十分重要的。具體來說，製造商要知道怎樣不去破壞活性微生物。

處理益生菌的過程叫做「發酵」，過程甚至比培育益生菌本身更為重要。益生菌很容易受到一系列可變因素的影響：溫度、水分、食物等。如果發酵過程中這些可變因素沒有得到很好的控制，益生菌的性質會發生很大變化，而且通常是朝不好的方向變化。因此，在製造過程中，使益生菌的生長環境最佳化，也是至關重要的。

再次強調，最重要的是益生菌中要含有乳酸菌和雙歧桿菌，因為優格中兩

種主要微生物——嗜熱鏈球菌和保加利亞乳桿菌是生命短暫的微生物。也就是說，它們不會植入腸胃道。要有效地治療酵母菌感染，就必須不斷地大量將之和LA-5等乳酸菌一起輸入腸胃道。

體內致病細菌過多時，你就要快速清除它們。服用含益生菌的補給品，大量的益生菌就能被直接輸送到感染部位。即使和其他有助於對抗有害細菌的食物一同使用，補給品也一樣有效。特別是蔓越莓經常被用來治療尿道（UTIs）感染，不論是細菌感染或是酵母菌感染。

腸胃道是一個活躍的系統，裡面的東西始終在變化。其中一種變化就是，裡面的細菌——有益細菌和有害細菌——在不斷地附著和分離。如果有害細菌的數量超過有益細菌，結果就是生病或感染。因為有益細菌——益生菌——無法搶灘成功，使體內平衡沒有朝對它們有利的方向發展。

蔓越莓粉末有一種抗凝結的作用，能抑制細菌的附著。如果把它加入益生菌，它就能幫助益生菌搶占陣地。蔓越莓能夠抑制有害細菌的繁殖，促進大量

有害細菌的分離。這就在腸道表面給有益細菌騰出了空間，使它們能夠運作。

當然，蔓越莓粉末同樣有可能使一些有益細菌發生分離。然而，這並未被證實。還記得嗎，大多數情況下，有多少有益細菌能通過補給品進入腸胃道？數百億。補充這麼多的微生物，讓身體平衡朝有利於有益細菌的方向轉變。而且，蔓越莓粉末並不是百分之百地發揮效用，它不會令所有的細菌分離，而只是在結腸上清出空間，讓有益細菌能夠附著。有了這些好處，一些複合產品，如益生菌和蔓越莓混合物，很可能成為將來益生菌產品的發展方向。

隨著益生菌治療酵母菌療法不斷地深入研究，更多關於這個領域的新知識會被挖掘出來。事實上，益生菌不僅安全有效，而且不像其他非處方藥一樣有許多副作用。在歐洲和日本，益生菌已經普遍用於對酵母菌感染的治療，這也代表美國和其他國家早晚也會出現同樣的趨勢。

愈來愈多的科學研究和臨床實驗，證明益生菌對酵母菌感染的治療作用。

二〇〇一年《感染疾病》期刊中有研究報導了益生菌（乳桿菌）的療效。

該文指出，益生菌使病原體的生長被抑制了百分之五十至七十四。所以，患者可以嘗試口服某種經臨床證實的益生菌補充劑，在睡前使用含特定乳桿菌的優格灌洗陰道的辦法，來改善和防治酵母菌感染形成的陰道炎。

加拿大西安大略大學微生物學和免疫學系以及加拿大益生菌研究中心的里德博士和安德魯·布魯斯等科學家，對若干不同的乳桿菌進行了二十多年的臨床研究，證實了某幾種益生菌株對尿道感染和減少尿道病原細菌有效。

在一項專門針對三十二位患細菌性陰道炎的女性進行的研究中，一部分人每天服用一至二片某種益生菌（嗜酸乳桿菌）片劑，而另外一些人則接受安慰劑治療。兩週後，使用該片劑的人約有百分之七十七被治癒，而使用安慰劑的人只有百分之二十五被治癒。

在另外一項實驗中，給其中二十八位女性病患者服用某種益生菌劑，而另外二十九位則服用安慰劑。一週後進行檢查，發現十六位益生菌使用者已經痊癒，而另一組的治癒人數為零。

第八章
益生菌可以
改善大腸躁鬱症

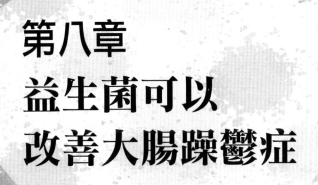

什麼是大腸躁鬱症？

大腸躁鬱症簡稱腸躁症，是一種最常見的腸胃道失調症，主要症狀包括腹部絞痛、脹氣、腹脹和腸道習性的改變。有些腸躁症的患者也會有便秘（大腸蠕動困難或缺乏）；還有人患有腹瀉（經常腹瀉，過度大腸蠕動）；還有一些人會兩種疾病交替發作。

在診斷腸躁症時，要理解每個人對大腸「正常」運作的標準不同。有的人可能是一天拉肚子三次，有的人可能是一週拉肚子三次。此外，一般大腸運動的排便是成形的，但不硬，不帶血，腹部不會絞痛或疼痛。而流血、發燒、體重流失、持續性疼痛並非腸躁症的症狀，應是其他問題。

這麼多年以來，腸躁症擁有過很多名字——大腸炎、黏液性結腸炎、痙攣結腸、腸痙攣和機能性腸病——但是它們大部分都不精準。例如，大腸炎是指大腸（結腸）的發炎。雖然發炎是腸躁症的症狀之一，但是腸躁症卻不會引起

發炎，所以，我們並不能把它和另一種失調，即潰瘍性淋巴管炎，混為一談。

腸躁症會引起諸多身體不適和疼痛，但是一般情況下，它不會造成對腸的持久性傷害。同樣地，這種病也不會導致腸出血，或像癌症這類嚴重疾病。事實上，醫生會把腸躁症稱做一種機能失調，因為在檢查大腸時並沒有發現疾病信號。但是在某些病例中，會發現營養不良和厭食症狀。

對很多人來說，腸躁症只是一種煩惱；但是對某些人來說，可能得進手術房。在嚴重的病例中，病人可能無法參加社交活動，甚至不能進行短途旅行，更有甚者，還不能工作。儘管如此，大多數情況下，患者可以通過調節飲食和壓力以及使用藥物來控制這些症狀。

什麼原因引起了腸躁症？

醫生至今還不能找出引起腸躁症的有機病因，所以通常會把這種病歸因於

情緒衝突和壓力。雖然情緒衝突和壓力的確會加重這種病的症狀，但是研究說明，其他因素也很重要。特別是，研究發現，這類患者的結腸肌肉只要受到一點點刺激也會痙攣。

那麼結腸是怎樣工作的呢？結腸長約一至一・六公尺，事實上它是大腸的一部分，它將小腸和直腸及肛門連接了起來。結腸的主要功能就是吸收通過小腸的被消化物中的水分和鹽。據估計，每天有二夸脫的液體物質從小腸進入結腸，這些物質可能會在結腸待上好幾天，直到大部分流動的物質和鹽被吸收進體內。接著，糞便通過一定模式的運動進入結腸的左側部分，並被儲存在那裡，直到被排出。

很多情況，如吃東西和氣脹（也就是腹脹）等，會引起患有這類病的患者結腸過度反應。某些藥物和食品也可能會引發某些人的體內的痙攣。有時候，這些痙攣會造成排便不暢，導致便秘。巧克力、乳製品、大量的酒精都是最常見的罪魁禍首。而對於某些人來說，咖啡因會引起便稀現象，這更容易發生在

患有腸躁症的人身上。研究人員還發現，罹患腸躁症的女性在生理期的症狀更多，這說明生殖荷爾蒙可能刺激到結腸。

儘管腸躁症的病因不詳，但它與腸內菌群的失衡卻存在一定的聯繫（一種或因或果的關係）。健康人腸內的菌群應當是處於平衡狀態的，也就是說，腸內的有益菌應能夠有效抑制有害菌，但是現代人由於生活緊張、工作壓力、情緒波動等因素導致腸胃功能衰弱，造成腸內菌群異常，並在腸內生成腐敗物、細菌毒素等有害物質，造成腸道功能異常、老化、習性改變等，也就是所謂的腸躁症。

腸躁症的治療方式

腸躁症通常主要是以飲食來治療。有的人可能是注意卡路里的攝取，然後進行嚴格的進食計畫，可能避免吃一些乳製品。少吃一些像是止腹瀉與骨質疏

鬆症的藥物（除非是醫生處方），可以減緩腸躁症的症狀。嚴重一點的，還要以液體進食，或是吃纖維補給品。

壓力管理也是一個治療腸躁症的重要因素。壓力與腸躁症的確切關係目前並不清楚，但是我們知道，壓力在腸躁症病因中，扮演重要角色。有可能是你已經偏離平日正常作息，例如吃甚麼、喝什麼、睡眠品質、運動量等等。試想旅行可能會如何影響大腸的機能，特別是海外的長途旅行。很多人會在抵達目的地時開始便秘好幾天，有的甚至持續好幾週，除非他們服用一些甚麼東西。所以其實坐著也是壓力很大，例如長時間在辦公桌前坐著，或是在醫院等候區坐著。無論如何，我們知道為甚麼壓力會影響自己，我們就要承認這點！

Probiotic

益生菌療法

引起腸躁症的確切原因還沒有找到，這也許就是傳統的治療方法只能發揮補救的作用。也就是說，它們只注重症狀，而沒有瞭解腸的生理特性。但是益生菌卻能持久地改善腸的機能，這真是件令人興奮的事！

那麼，腸到底發生了怎樣的變化呢？由於某些原因，腸胃道受到了病原細菌（有害細菌）的攻擊。只要這些細菌中的一種在腸中的數量增加，就會引發腸躁症的所有症狀。

當身體出現像腸躁症這類症狀時，使用大量的益生菌能夠產生幾方面的作用，而且產生的作用都是正向的！首先，好的細菌能夠將部分有害細菌趕出體內。其次，益生菌產生的天然抗生素能夠殺死部分有害細菌。再者，益生菌將

刺激身體產生自己的抗生素，這種抗生素不僅能夠打敗有害細菌，還能改善身體對有害細菌產生過度的免疫反應。最後，益生菌還能夠創造或改善它們周圍的環境，穩定腸胃道的酸鹼值，以保持在正常範圍內。一旦如此，病原細菌自然會受到抑制，因為它們不能適應這種酸鹼值（記住，酸鹼值只是簡單地說明了某一特定環境中酸的含量——例如腸胃道環境）。

使用益生菌降低腸胃道中有害細菌的數量，還具有一種有趣的作用：死亡的有害細菌數量也會減少。不管你信不信，這是件好事！一旦有害細菌死去，它們的細胞體會分解，釋放出當初使它們轉變的具有高度毒性的成分。這樣的話，即使它們死掉了，還是會損害身體。事實上，這種情況通常會引發「瞑眩反應」（好轉反應），即使是那些已經獲得初步療效的病人也不例外。當有害細菌被殺死時，病人會感到狀況變糟。這種感覺通常會持續幾天，但如果過程較慢，也有可能持續兩週之久。

酵素不足在腸躁症中也扮演了重要角色。當身體缺乏某種酵素的時候，就

會不容易消化食物。大量地補充益生菌，可以讓身體不只是得到這些有益微生物，還有活躍在這些細胞中的有益酵素。有了這些酵素，身體就能消化自身的消化不了的食物。所以重要的是使用高劑量的益生菌，因為腸中細菌的酵素與身體產生的酵素成份大同小異。

舉個例子，使用一種叫做「無屁豆」（Beano）的產品來緩解由吃豆類食物引起的脹氣，是一種非常常見的方法。這種產品之所以奏效是因為它含有能夠消化豆子中特殊醣分的酵素。身體很難消化這種醣，因為它不能產生支持這一消化過程所必需的特殊酵素（有趣的是，某些益生菌天生含有大量的這種酵素）。如果這些醣不能被消化，它們就會與腸胃道中的有害細菌取得聯繫，腸躁症患者體內通常有大量這樣的細菌，而且有害細菌非常喜歡這些醣！事實上，它們是如此喜歡這些醣，所以會竭盡所能吃掉它們。而一旦如此，唯一的結果就是脹氣。

益生菌中的胚芽乳桿菌能夠有效減少腸躁症的疼痛和脹氣。一般情況下，

大約使用四百億單位劑量的益生菌，還蠻合理的。這數量聽起來很多，但事實不然。設想一下，一份新鮮的自製優格就可能含有幾千萬個微生物。

正如前面提到的，雖然腸躁症不會引起發炎，但是發炎卻是這種病的症狀之一（至少對某些患者來說是這樣的）。益生菌在這方面也能發揮作用，一定數量的益生菌似乎能夠減少發炎。一般普遍承認，益生菌能夠通過督促身體產生抗體達到這一效果。簡單說，身體會因應免疫反應，產生很多重要的不同物質，其中包括抗體。抗體種類繁多，每一種都具有獨特的性質。一種被叫做IgA的抗體非常有意思，因為它不僅有一般抗體的功效——也就是，約束進入身體的有害細菌——而且還具有反饋功能，能夠幫助減少免疫反應。它好像在對身體說：「喂，一切都在我的掌握中了。」在這一過程中，IgA還能轉移另外一種作用於糖尿病和過敏反應的抗體。

還是那句話，益生菌不僅能分解我們吃下的食物，還有益於身體細胞的健康和福祉。舉例來說，一般情況下，益生菌能為結腸細胞或排列在腸胃道中的

細胞提供天然屏障。當病原細菌在腸胃道中過度增長時，會產生具有高度毒性的化合物，有的產生一種叫做胜肽的蛋白質，具有破壞作用。這些毒素能夠跨過身體天然的屏障（也就是排列在腸胃道中的細胞），然後進入體內。而益生菌可以占領或者說重新占領腸胃道，使其恢復正常狀態，阻止這些病原微生物的增長。

已經有多項研究證明了益生菌與腸躁症的關係及其療效。腸躁症患者與健康的對照人群相比，他們腸內的菌群較失調，乳桿菌和雙歧桿菌的數量較低。

在瑞典進行的一項研究證實：六位腸躁症患者通過連續服用四週、每天服用一定劑量的益生菌（植物乳酸菌）進行治療後，他們的脹氣和腹痛症狀明顯減弱，腸胃道功能得到改善。還有其他研究顯示，一些患有腸躁症的人使用了包含益生菌在內的自然生物療法後，竟令人驚奇地痊癒了。

一九九七年，日本東京大學的科學家用雙歧桿菌營養食品餵養三十七個

十五至三十一個月大的健康嬰幼兒，為期二十一天，研究益生菌對腸道菌群和代謝產物的影響。在百分之七十一的受試者糞樣中發現了雙歧桿菌，糞便中的腐敗物明顯減少，醋酸含量也升高了。可見，益生菌食品有助於增進腸道菌群的平衡。

二〇〇三年，一項英國的研究把四十例腸躁症患者分成兩組，治療組二十例服用乳桿菌制劑，對照組二十例口服安慰劑，連續四週。結果發現：治療組二十例腹痛消失，六例便秘正常，十九例症狀改善，而對照組僅有十一例腹痛消失。

第九章
益生菌可以減輕唐氏症症候群

什麼是唐氏症症候群？

唐氏症症候群（簡稱唐氏症）是一種先天智力遲緩，導致程度不一的智力缺陷，身體特徵大致如下：前額傾斜、眼睛以下向上傾斜、脖子較短、耳朵靠下、小耳垂、虹膜外緣有白色或淡灰色斑點、手短而寬、手掌間有一條深深的橫向折線、類似侏儒的體型。

一八六六年，約翰·蘭登·海頓·唐（John Langdon Haydon Down）命名了唐氏症，他觀察到了兩種典型的臨床表現：異常調和與異常循環。自唐先生的時代開始，很多疾病與唐氏症聯繫在一起，大多數都是先天性的。唐氏症病人罹患先天性心臟病和腎缺失的危險性較高，罹患視覺缺陷、上呼吸道感染和白血病的危險性也較高。研究人員還發現，唐氏症和失智症之間存在一定的聯繫，但是具體情況還不是很清楚。

本書的一個較有趣的發現在於，很多唐氏症的異常症狀是發生在腸胃道中

的，具體如下：十二指腸閉鎖（即十二指腸關閉或短缺），胰腺不足（即缺少足夠的消化），肛門閉鎖（肛門封閉或不通）以及結腸放大（這會引起廢物的堆積）。還有其他一些症狀會出現在腸胃道中，有時候是自然出現的，有時候則是由錯誤的治療引起的，例如，肺狹窄，即肺裡的通道不斷變窄。

上述腸道不同的症狀有可能是個人增重失敗，有時候是相反，過胖。終其一生，患者可能會出現代謝緩慢的極端經驗。嬰兒時期可能會因為營養不良而無法增重，然後青春期之後，可能會因為吃太多而變得過胖，造成問題。

正如已經提到的，相當多唐氏症病人都有可能會罹患失智症。要知道為什麼，我們需要測試一下這兩種病分別在腸和大腦中引起的變化之間的關係。我們發現神經的發展與腸胃道的成熟，似乎密不可分。如果腸中出現了問題，一般都會反應在大腦的發展。

絕大多數患有唐氏症的人患有腹腔性疾病，即一種腸吸收障礙症候群。這種腹腔性疾病包括腹瀉和營養不良，主要特徵可能是發育不良和消瘦。再提醒一次，這是一種腸胃道機能失調。在唐氏症人口中，患有腹腔性疾病的人占六分之一至十四分之一（而普通人群中的比例是一比三百）。

到了唐氏症的最後階段，病人將不能再行走或進食，因此會臥床不起。一項神經系統檢查指出，非正常的聞、抓和吸吮反射與雙邊腳蹠部的伸張反射同步，這會引起無規律性的步態或行走。營養不良、膿毒病（由於受到感染引起的細菌或細菌生成物的蔓延，所引起的一種毒性病症）或吸入性肺炎（外界物質被吸入肺中）常常會引起死亡。

基於所有這些健康問題，唐氏症患者的平均壽命會被大打折扣，只能活至五十歲左右。但是如果能得到適當的規劃和足夠的社會支持，大多數唐氏症患者能夠生活得更精彩。

什麼原因引起了唐氏症？

要弄清楚唐氏症究竟是怎樣發生的，你必須理解人類染色體的結構和功能。人體由細胞組成，而所有細胞中都包含有染色體，即一種傳輸基因資訊的結構。大多數人體細胞中都含有二十三對染色體，一半遺傳自母親，一半遺傳自父親。只有人類的生殖細胞——也就是男性體內的精子和女性體內的卵子——包含二十三個染色體，不是二十三對。為了識別這些染色體，科學家用XX表示女性染色體，用XY表示男性染色體，並把它們按照一至二十二進行編號，加上一對表示性別。

當生殖細胞，即精子和卵子，在受孕過程中結合時，它們產生的受精卵含有二十三對染色體。將要發育成女孩的受精卵，包含一至二十二號染色體和一對XX對染色體。將要發育成男孩的受精卵，包含一至二十二號染色體和一對XY對染色體。如果受精卵自二十一號染色體後出現了多餘物質，就會變成唐氏症。

大多時候，唐氏症是非常隨機的事件。據科學家所知，唐氏症不能被歸因於任何父母的行為活動或環境因素。

儘管如此，研究人員已經發現，唐氏症的影響隨著母體年齡的增長而擴大。三十歲以下的女性所生的孩子，罹患這種病的機率不足千分之一；而三十五歲的女性所生的孩子，罹患這種病的機率卻會增加到四百分之一。到了四十二歲，這種機率會增加到六十分之一；而到了四十九歲，這種機率就會增加到十二分之一。

為什麼母體年齡如此重要呢？因為隨著年齡的增長，女性生殖細胞中產生多餘的二十一號染色體複製品的可能性會大大增加。因此，年齡較大的母親所生的孩子，和年輕的母親所生的孩子比起來，罹患這種病的可能性要大。儘管高齡母親人口的比例遠小於低齡母親，但是年齡問題依然很重要。因為在每年的懷孕人口總數中，僅有百分之九的人年齡等於或大約三十五歲，但卻有百分

之二十五的唐氏症患兒出生自這個人群中。不管母體的年齡如何，若已經有小孩，再懷孕，生下唐氏症寶寶的機率只有百分之一。

鑒於母體年齡與唐氏症之間存在這樣的關係，很多專家建議三十五歲以上（包括三十五歲）的孕婦在產前接受唐氏症檢查。這是一種相對較簡單的非倒裝檢查，對母親的血液進行化驗，測量三種唐氏症標誌的程度，它們包括：胎兒甲型蛋白（MSAFP）、人類絨毛膜性腺激素（hGG）和非結合型雌三醇（uE3）。雖然這種測量並不能確定胎兒一定患有唐氏症，但是如果胎兒甲型蛋白低，非結合型雌三醇低，但人類絨毛膜性腺激素值高的話，那胎兒患有這種病的機率會增加。這時候，孕婦需要接受進一步的檢查。

唐氏症的治療方式

目前沒有可以根治唐氏症的醫療方式。儘管如此，如果發現的較早，很多其他發生在唐氏症患者身上的情況可以得到矯正。這些病症包括：心臟缺損和腸胃道問題等。如此一來，不僅可以提高患者的生活品質，也可以延長壽命。

對唐氏症兒童進行早期教育也很重要，可以幫助加強他們的發展。教育應該及早開始，給孩子提供一些能夠刺激感官、運動和認知能力的活動很重要。研究發現，參加密集學校教育項目的唐氏症孩子，在智商測驗（通常在智力偏落後的範圍內）中所得的分數，會比沒參加過這種項目的唐氏症孩子得分來得高。

父母親或家人在緊密參與孩子的學校活動中，也許可以發現孩子的天賦，例如孩子可能從視覺來學習，會比從聽覺來說敏感。患有唐氏症的孩子的理解能力可能比他或她的語言表達能力要強。最後，來自家庭的愛和關懷對孩子的情感發育也會產生積極的作用。

唐氏症孩子的父母也會覺得參加家長支持團體很有幫助，幾乎每一個城市或網路上都有。分享知識與資源，還有情緒與經驗，對家長來說都是很好的。

正如前面提到的，唐氏症患者通常有各種不同的腸胃道失調，包括胰腺不足、結腸擴張和腹腔性疾病等。這些病症並不專屬於唐氏症患者，也會發生在一般人身上，要是真的發生這些症狀，真是比什麼都煩人。但是，如果發生在某些唐氏症患者身上，情況通常會更嚴重，因為這幾種病總是同時發作。此外，唐氏症患者可能更難理解這一點：為什麼他們在患有腸胃道疾病的同時，很可能會也會罹患幾種或所有這些疾病。

回顧一下腸胃道的工作程序，我們就能夠理解為什麼會出現這些腸胃道問題。首先，讓我們把身體想像成一根「空心導管」，這根導管起點是嘴巴，即食物的入口，向下穿過身體通向肛門，即廢物的出口。腸胃道就是導管中連接著胃和肛門之間的一段，大多數的消化都發生在這裡。腸胃道本質上指的是腸——大腸和小腸——人的腸大約有七．六公尺長。

小腸（大約六公尺長）的第一段被稱做十二指腸，它連接著腸和胃。小腸的其他部分包括空腸和回腸。接下來要說一下大腸（約一至一．五公尺長），它包括盲腸、結腸和直腸。肛門是位於直腸末端的一個開口，廢物從這裡排出體外。腸胃道的每一部分都由不同的細胞和組織構成，因此每一部分都有不同的環境（或酸鹼值）和不同的目的。

我們在腸胃道的不同部位都能找到不同的益生菌。事實上，人體腸胃道中的益生菌微生物比人體中的細胞還要多！所有這些益生菌都能夠不斷供給，來幫助身體消化來自胃中的食物。但是除了幫助消化，對人類這個宿主來說，益生菌還有很多重要的功能。簡言之，一旦益生菌出現功能障得或缺失，疾病就會趁虛而入。

當我們吃下一塊小甜餅，穿過我們身體的就是一塊小甜餅（或者從頭到尾

都是小甜餅），這是理所當然。但是，事實要複雜得多。當小甜餅開始它的行程後，腸胃道的每個部位都會對它作用，從一個部位轉向另一個作用的部位，然後該部位再進行作用。就像一條組裝線，每個部分都有自己的任務。

當一個或多個部位停止工作時，問題就出現了。例如，十二指腸是進行大量新陳代謝活動的地方。胃裡的食物經過十二指腸進入小腸，並被這裡的酵素消化中和。胰腺則負責生產大量的這種酵素，供給腸胃道使用。這樣，十二指腸中的酸鹼值就會升高，也就意味著這裡的鹼度會升高。

鑒於這些活動，十二指腸擁有能夠控制酸鹼值浮動的專用細胞。但是，若某個程度上，酸鹼值浮動控制占用的時間太長，這些細胞的抗損害能力就可能會降低，細胞也可能會死亡。舉個例子，如果酸鹼值保持過低，益生菌的存活性就會降低，就不能做出任何貢獻；那麼，那裡的酵素就不能發揮任何作用（因為所有的酵素都必須在一定的溫度和酸鹼值環境下，才能發揮最佳作用，也就是說，需要該部位保持人體正常酸鹼值）。如果酸鹼值不對，該部位的細胞就會全部死掉。更糟糕的情況是，低酸鹼值的物質會被送往腸的後端部位，並殺死那裡的細胞（包括益生菌和人體細胞）。

當唐氏症患者腸胃道中的細胞，因為不適合的食物和營養加工過程，受到破壞時，它們就開始發炎並啟動免疫活動。一般情況下，免疫細胞開始湧入的同時，食品的加工過程也發生了變化——大量的氣體生成，引起腸的膨脹。這是唐氏症的一種典型的病症。

如上所述，一旦腸胃的任何一個部位出現了機能失調，這種狀況最終會從小腸傳染給大腸，然後再到結腸。通常情況下，所有的營養吸收都發生在小腸中。但是如果有大量免疫細胞湧入，為了盡力與發炎戰鬥，情況就會發生改變。免疫細胞不僅能夠產生阻礙吸收的化合物，還會從生理上阻礙細胞的流通，阻擋營養物質。從表面上看來，氣體的存在應該會對營養的吸收有幫助，但事實不是這樣的。最終的結果是，一些你並不想吸收的分子（即有害細菌）也會被吸收入體內。

讓我們多討論一下這些免疫細胞的妨礙作用。行使一般功能的細胞彼此間需要保持緊湊的距離。如果它們彼此相距很遠，它們就不能交流。事實上，細胞非常社會化，並喜歡與鄰居交流，確定大家都很愉快；如果它們沒有從對方那裡獲得積極的反饋，它們將會非常沒有安全感，並不再進行交流。如果這樣的事發生了，它們停止的不只是交流，還有吸收。大量有害細菌會擠進去，不是因為細胞正在吸收有害細菌，而是因為細胞周圍的空間空出來了。

由於失去了腸胃道中的吸收部位，益生菌就沒有了戰場。這會影響身體對食物的吸收和腸的運動。益生菌能夠幫助腸運動，所以，一旦它們死了，一切就會慢慢地停下來。一旦結腸被封鎖，所有的壞事就會接踵而至。特別是，有毒物質就會開始堆積，向外推擠細胞，結腸的面積也開始擴張。腸會漸漸向外伸展，通常在會在唐氏症患者中，出現這樣的臨床診斷。

那麼，我們該怎樣做呢？首先要矯正小腸中胰腺功能不全的症狀，那也是唐氏症的特徵之一。胰腺不能自我修復，但是通過大量地補充益生菌可以彌補多數已流失的酵素。事實上，很多益生菌產品經過特別設計，針對腸胃道某些部位作用的微生物進行相關研究，所研發出來的。

大多數乳桿菌都能從上腸胃道中找到，如小腸最接近胃的部份，也就是十二指腸中。高劑量（每劑包含四百至一千億個微生物）的這種物質使用起來安全又有效。正常的腸胃道中更需要這種最終的「增補作用」，用以保持穩定。

事實上，實際使用的劑量要是大於四百億個微生物，也不會有任何副作用。假設你的優格是新鮮發酵的，那麼，它所包含的益生菌可能每毫升會多於一千億個。一般情況下，每毫升的含量是四百至六百億個，所以食用酸乳酪是一種非常簡單的吸收益生菌和恢復腸胃活力的方法。這對唐氏症患者尤其重要，因為只有機能正常的腸胃道，可以舒緩他們的不適狀況。

當益生菌的數量增長時，它們會消耗一些食物，還會產生能夠保證身體健康的化合物和酵素。例如，被稱做雙歧桿菌的結腸益生菌能產生丁酸鹽

（butyrate），而這種丁酸鹽是結腸細胞最重要的食物來源。這些結腸細胞能夠做很多事，如幫助吸收和排便。只要有人有體驗過幾天大腸無法蠕動，就會知道這些對健康而言，有多麼重要！

如果想要修復胰腺功能不全的毛病，我們推薦你使用多種益生菌，因為並不是所有的乳桿菌都是一樣的，雖然它們看起來很相似。使用大量的益生菌的好處就是能產生多種酵素，因為不同的益生菌能製造出不同種類和等級的酵素。這樣，你將至少會得到四百至一千億種。

另外，如果你所關心的只是獲得酵素的問題，我們可以告訴你，這些細胞甚至不需要是活的。這並不是說你必須出去找含有死的微生物的產品，或微生物含量較低的產品（有些是這樣的），因為你不需要為了只補充酵素而花大錢。即使在休息的時候，益生菌也能製造大量的酵素。大量的益生菌製造的酵素被儲存在細胞中，細胞死後，就會被釋放出來。細胞怎樣死掉並不重要，重要是它們能夠被釋放出來的。直到腸胃道被修復後，可能還會繼續大量地補

充。

很多唐氏症患者的十二指腸都有毛病，它可能會被提前關閉，而大量的嗜酸乳桿菌和鼠李糖乳益生菌可被用來治療這種病。它們都有大量的臨床依據，並且都是非常有耐性的微生物。

對於唐氏症患者，益生菌還被廣泛地使用治療他們的腹腔疾病。其中一種能治療這種病的物質叫做葡萄糖胺鹽酸鹽（GHCl），是少數的含有雙歧基因的益生元（能夠為益生菌供給食物的物質）之一，也就是說，它能夠促進雙歧桿菌（只有極少數化合物可以有選擇地產生這種益生菌）的生長。雙歧桿菌主要存在於結腸中，沒有它們，我們會遭遇大規模感染。它們是最早存在於嬰兒腸胃道中的益生菌，如此說來，是它們為年輕的我們建立起了第一道防線。有趣的是，葡萄糖胺鹽酸鹽是一種母乳中含有的雙歧基因物質。身體並不是毫無目的地去做每件事，所以，母乳中之所以含有葡萄糖胺鹽酸鹽，很可能是因為孩子的發育需要它。事實上，葡萄糖胺鹽酸鹽刺激了胎兒結腸中雙歧桿菌的成

長。

使用益生菌治療唐氏症相關病症的成功支持了這樣的觀點：腸和腦中發生的狀況存在某些聯繫。再次重申，神經系統的發展與腸胃道的成熟似乎也是不可分割的。在不久的將來，益生菌可能會與所有的唐氏症及其相關治療串聯在一起。久經研究的高質量菌種的出現，將為更多特殊藥物的應用，搭建一個平臺。

使用益生菌治療唐氏症的前景光明。這一領域取得的所有成功都只是為了讓唐氏症患者能夠生活得更幸福、更健康，活出更有意義的人生。就算不為別的，減輕大眾對唐氏症的焦慮與誤解，也可以幫助患者活得更有尊嚴，及被尊重地對待。

第十章
選擇最好的益生菌

我們一開始可能還不明白，但是會漸漸發現食用益生菌的方式有很多種。所有的方法基本上都是依照把微生物送進腸胃道的做法來變化。過去十年來，服用益生菌的方法已經有大幅改變，從相對簡單地吃優格補充益生菌，到比較複雜的方式，例如服用微型膠囊。每一種方式與其適應症，都有利與弊。

目前市場上標榜的益生菌產品非常之多，往往讓購買者不知所措。其實，益生菌無處不在，可以說益生菌是我們日常生活中密不可分的伙伴。

我們會在有意無意之間，經常接觸和補充益生菌，只不過我們平時補充的是單一種類的益生菌而已，並且也意識不到。比如，我們稱之為「開胃菜」的泡菜，其之所以「開胃」便是因為其中富含乳酸菌；優格中也因為含有豐富的乳酸菌而被有關專家大力推薦作為保健品飲用；食醋之所以具有軟化血管、養顏、降血脂等作用，主要還是歸功於其中的醋酸桿菌，等等。我們透過吃酵母片來補充酵母菌以幫助消化；做饅頭、包子時，要用到酵母菌；釀白酒、啤酒，做豆豉等，無一不是依賴益生菌幫忙。

「天然的最好」，這是我一貫堅持的原則，現在也日益受到營養學界、醫學界和一般人的認可。與其費盡心思選擇一些「半死或已死」的益生菌產品，還不如安心享用含有益生菌和益生元的天然食品。

接下來我們來瞭解一些含有益生菌的天然食品。

優格

前面提過，益生菌最傳統的取得方式，就是食用發酵過的乳製品，例如優格。是一種具有悠久歷史的發酵乳製品。它以牛奶為主要原料，添加活性乳酸菌，經過發酵精製而成。優格一般分為兩種：自製的和商店裡購買的。

優格比牛奶味道更為鮮美，且更好消化。更重要的是，經過發酵的優格提高了牛奶的營養價值。也就是說，優格中的蛋白質、脂肪、碳水化合物和鈣的

吸收效率更高，營養價值也更加豐富。

蛋白質的消化吸收

在牛奶的發酵過程中，一部分蛋白質被分解成和氨基酸，並且利用在發酵過程中形成的乳酸使蛋白質產生凝固，其結果使消化酶易於發揮作用。

實驗指出，將牛奶和優格分別放到試管裡，加入消化酶，計算消化百分之三十蛋白質的時間，結果是消化牛奶中的蛋白質需要花費六個小時，而消化優格中的蛋白質只需要三個小時。也就是說，優格中的蛋白質吸收效率是牛奶中的蛋白質吸收效率的二倍。

鈣的消化吸收

科學研究已經證實，弱酸性的環境有利於鈣質的吸收。由於優格和腸道內的益生菌的作用，腸道內的環境已經變成弱酸性環境。優格中鈣的吸收效率高

達百分之四十，幾乎是鮮奶中鈣的吸收效率的二倍。

尤為重要的是，優格中含有豐富的益生菌（每毫升優格中都含有一千萬個以上活的乳酸菌），包括雙歧乳桿菌、乾酪乳桿菌、保加利亞乳桿菌、嗜熱鏈球菌等，所以優格對人體健康的保護作用更甚於鮮奶。

常飲優格，可以降低膽固醇，預防動脈硬化；可以促進消化吸收，防治骨質疏鬆、便秘等老年病；優格中的乳酸菌還可抑制人體腸道內腐敗菌的生長，增強人體抗癌免疫功能；而且由於優格中含有乳糖酶，所以特別適合有乳糖不耐症的人飲用。

也許大家不知道，經常飲用優格還有護齒健骨、養髮美容的特效。總之，真正的優格帶給您的好處是十分多樣的。

優格的種類

在傳統的方法中，自製優格是指在牛奶中加些發酵劑，或單純地將牛奶放於室內櫃子上，然後在室溫下儲存幾天，直到它變硬。這兩種方法都有效，但是使用發酵劑能加速整個流程，並能在牛奶中培植大量益生菌。這樣一來你就能控制進入混合物中的微生物的種類。

典型的發酵劑包含至少兩種微生物：保加利亞乳桿菌和嗜熱鏈球菌。它們都是很棒的益生菌，擁有大量的臨床數據資料，和廣為人知的治療功效。能在發酵劑中找到的其他微生物，包括嗜酸乳酸菌和雙歧桿菌，也都是非常好的益生菌，應該經常食用。

用第二種自然發酵的做法製造優格，有一點你得明白，就是乳酸菌隨處可見，它們總是有辦法進入牛奶。當然，危險就是很多其他微生物也會隨之進入牛奶中並在其中生長。這樣，當優格形成後，你將無法判斷能否放心食用。

其實，有一些線索能夠告訴你牛奶中是否含有有害細菌。通常，正宗優格的味道是一種令人愉悅的奶製品味道，你必須仔細發現這種味道。而如果優格中含有有害微生物，它就會散發出一種刺鼻的味道，或者優格會形成不同濃度

的層次，或部分部位帶有污點。還有一些更明顯的信號會告訴你：你得重新做了！

第二種優格是商業生產的並可在商店中買得到的。同樣，這些優格最初也會產生保加利亞乳桿菌和嗜熱鏈球菌，然後會產生嗜酸乳酸菌和雙歧桿菌。很多產品中還包含其他微生物，這要看產品想要怎麼行銷。舉個例子，如果生產商想說它們能夠幫助建立健康的免疫系統，他們會加入植物乳桿菌、羅伊氏益生菌和鼠李糖乳桿菌，每一種都可能會有一定的臨床資料佐證，與增進免疫系統的參數提供參考。

通過食用優格補充益生菌的問題在於：在很潮濕的環境中，益生菌很快就會死亡。事實上，即使被存放在冰箱中，優格中的益生菌也會在一個月內全部死掉。這就是你在商店中購買優格時需要看清楚有效日期的原因。

還要看一看包裝上的標籤，上面會標有「含有活性發酵微生物」字樣。有時候你會發現，標籤上會標有「生產時包含活性發酵微生物」的字樣。問題在於，當你想要購買它時，這樣的標籤並不能告訴你任何關於益生菌是否能發揮有益作用的訊息。優格甚至已經接受過高溫殺菌，而這種過程肯定能殺死益生菌。所以，務必仔細檢查包裝說明，找出你所需要的訊息。

其他攝取益生菌的管道

為什麼要為優格而煩擾，問題究竟在哪裡?實際上，你不一定要這樣。我自己恰好非常喜歡優格，所以經常食用。事實上，如果優格製作恰當，它所包含的益生菌可達每克數千億個，相對來說，吸收大量益生菌並不需要花太多錢。

然而對於一些沒時間處理優格的人來說，就不想要一直猜到底貨架上的優格到底放了多久，其實，針對不同的健康狀態，有很多益生菌補充品可以選擇。我稍後要介紹這些產品。

我也建議你要與醫生聊聊使用益生菌的種種，就像你也應該要向醫生諮詢其他健康相關問題一樣。但我想先提醒你。很多醫生（M.D.）對這領域並不很熟悉，你可能要找像我一樣的營養師（N.D.）會比較好。無論如何，你應該要找你願意溝通的人來談一談才對。

乳酸酒

乳酸酒就是開菲爾，是一種具有生物活性的食品。它是用細菌（各種乳桿菌、乳球菌、白串珠菌和醋桿菌）和酵母（發酵乳糖和不發酵乳糖的酵母）的複雜混合物發酵的牛奶所製作的一種刺激性飲料。

人類食用乳酸酒的歷史久遠。在西方，乳酸酒最早起源於高加索地區的阿爾卑斯山山脈，俄國科學家梅尼奇科夫就是在那兒發現了益生菌及其保健作用的。乳酸酒的歷史已不可查，傳說中是先知穆罕默德把開菲爾粒傳給了高加索

地區的信徒們。

在東方，乳酸酒的發明者是一代天驕——成吉思汗。早在十二世紀，成吉思汗率領大軍在征戰亞歐大陸時，就以發酵的牛奶或馬奶作為士兵的日常飲食。他們在出征前先將牛奶或馬奶在太陽下曝曬，然後製成乳餅放入皮袋中，並將皮袋注滿水。在軍隊的征途中，皮袋中的乳餅會發酵成乳酸酒。這種發酵乳被稱為「庫米斯」，是蒙古軍隊中重要的飲料和藥劑，也是成吉思汗稱雄世界的「秘密武器」。

由於乳酸酒經過細菌和酵母的雙重發酵，乳酸菌的某些特性及其益生菌的種群不同於普通優格，使其產品的生理功能優於普通優格。乳酸酒中含有消化吸收性很高的乳蛋白質和乳脂肪，其中的有益菌群將牛乳中的乳糖大部分水解為對人體有益的乳酸。同時，乳酸酒還改善了人體對鈣、磷、鐵的吸收；另外，乳酸酒還含有代謝活性物質和抗酸物質，對腸胃道疾病、便秘、代謝異常疾病、高血壓、貧血、心臟病、過敏症、肥胖症等均有一定的療效。

最近的研究證實，乳酸酒還具有較好的降血脂和降血糖的功效，對結核病亦具有療效。此外，乳酸酒中含有抑制癌細胞增殖的莢膜多糖和溶解癌細胞的四碳二羧酸，可降低癌症的發病率。同時，乳酸酒還有降低血清膽固醇含量，增強肝臟功能，提高機體免疫力和抗衰老的作用。

發酵酒類──紅酒

發酵酒又稱釀造酒，是指以含糖或澱粉的物質（如水果、麥芽等）為原料，經糖化或發酵後，直接提取或壓榨而得到的酒，包括葡萄酒、啤酒、米酒和蘋果酒等。發酵酒是天然的益生菌食品，它只含有少量酒精，但卻含有很多營養素，比如啤酒內含維生素B_1、B_2、B_{12}；葡萄酒內含多酚類化合物，有一定的保健、抗癌、抗衰老等功效。

如今，大家愈來愈認識葡萄酒的保健作用。歐美對於葡萄酒對人體的作用

進行了長期大量的研究，結果證明，紅酒中含有多種有益健康長壽的成分。紅酒是酒類中唯一屬鹼性的酒精飲料。多個國家的醫學界已將其列入藥典，作為有益健康食品進行推廣。紅酒中含有豐富的維生素和礦物質，可以補血、降低血液中的膽固醇；紅酒可以抑制低密度脂蛋白（LDL）氧化，提升血液中高密度脂蛋白（HDL），促進血液循環，預防冠心病；紅酒中含有多酚類物質，可有效防治動脈硬化，預防血小板凝結，預防視力下降，增強免疫力等。

紅酒是糖尿病患者唯一可以飲用的酒類，它含有豐富的維生素B群，可促進醣類的分解，防止血管老化。作為鹼性酒精性飲品，紅酒可以中和人每天吃下的大魚大肉，以及米麥類等酸性物質。

對一般人來說，每天飲用二百毫升左右的紅酒，益處多多。但一定得是乾型（去糖）紅葡萄酒，半乾型葡萄甜酒因葡萄品種、葡萄含量和工藝技術不同，無法達到以上效果。

發酵植物蛋白飲料——發酵豆奶

大豆的營養成分非常豐富，其蛋白質含量高達百分之四十，含油脂百分之二十，除此之外還含有大豆異黃酮、大豆寡醣、大豆皂素、卵磷脂等具有保健功能的成分。大豆還含有鈣、磷、鐵和維生素 E、B_1、B_2 等人體必需的營養物質。豆粉和豆奶是經過特殊加工的大豆製品，提煉並保留了其有效成分。

豆奶在磨製豆漿的過程中進行高溫煮漿、高壓均質等特殊處理，去掉了大豆原有的豆腥味、苦澀味以及抗營養因數等，使豆奶變得清香可口。豆奶的營養價值可以與牛奶媲美。據測試，在一百克豆奶中各種營養的含量，分別為蛋白質三・二克、脂肪一・七克、醣類四十一克、鈣二十七毫克、維生素 B_1〇・〇五毫克、維生素 B_2〇・〇六毫克、鐵二・五毫克。

除了營養豐富外，豆奶中營養物質的可吸收率也非常高，高達百分之九八。這也是美國食品與藥品管理局把豆奶列為保健品的原因。

發酵豆奶是在豆奶中加入乳酸菌發酵劑，培養發酵而成的活性飲料。乳酸菌發酵不會損害豆奶中的營養成分，因為乳酸菌不具備分解纖維素的酶系統，也不具備水解可溶性蛋原的酶系統。乳酸菌只是消耗了部分的棉子糖（raffinose）、水蘇糖（stachyose），並使蛋白質發生部分水解，產生更多的氨基酸和多肽，提高蛋白質的生物價值。

研究發現，經發酵後的豆奶中的氨基酸的含量增加了一六%，酪蛋白水解物增加了百分之六二，維生素 B_1 增加了百分之十六，維生素 B_2 增加了百分之七．一，游離氮增加了百分之一．三，游離鈣和游離鐵增加了百分之十二。

發酵豆奶不僅含有豆奶的全部營養，而且還具有活性乳酸菌發酵帶來的好處：含有大量的乳酸菌及其代謝物，對人體的消化系統具有良好的生理作用，對高血壓、高血脂和心血管疾病的患者尤其適用。

其他發酵類植物蛋白飲料有發酵花生奶、發酵綠豆奶、發酵核桃奶、發酵蔬果汁等。

發酵蔬菜——泡菜

泡菜起源於亞洲。提到泡菜，人們往往會想到韓國泡菜。其實，早在三千年前中國泡菜就出現了，三國時期傳至朝鮮半島，經過演化革新，成為今天的朝鮮泡菜。

泡菜指的是向用鹽醃製過的蔬菜（白菜、蘿蔔、黃瓜等）上添加辣椒粉、蒜、蔥等調味品，並使之發酵產酸的一種傳統飲食。它酸辣可口，且富含維生素C、鈣等營養成分，是人們佐餐的美食。

泡菜不僅美味可口，還具有很多保健功能。這主要是因為泡菜中含有活性益生菌，可以抑制有害細菌。泡菜還能促進腸胃內的蛋白質分解（胃蛋白酶）的分泌，使腸道內的微生物分佈趨於平衡。常吃泡菜能夠補血、強化肝臟、消除疲勞、促進新陳代謝，對於肥胖症、高血壓、糖尿病和消化系統癌症的預防有一定的功效。

泡菜的發酵過程離不開益生菌。其原理是：蔬菜在百分之五至十的高濃度食鹽溶液中，藉著天然附著在蔬菜表面的有益微生物（主要是乳酸菌）發酵產酸，降低酸鹼值，同時利用食鹽的高滲透性，抑制其他有害微生物的生長。可見，泡菜發酵的過程也是一場「菌類戰爭」，即通過有益細菌（乳酸菌）抑制有害細菌的生長。

幾年前韓國漢城大學姜思旭教授主持的一項研究，發現泡菜乳酸菌具有防止細菌擴張、增強人體免疫力的功效。實驗發現，每克剛醃製過的泡菜中乳酸菌的含量只有一萬個左右，但經過低溫發酵之後，可增加至六千三百萬個。泡菜中還含有三千多種微生物，其中一些微生物能夠控制引起胃炎、胃潰瘍的有害細菌。

為了驗證泡菜乳酸菌的療效，他們進行了一項對比實驗。利用泡菜乳酸菌培養液，餵養罹患禽流感、支氣管流感等呼吸道疾病的雞，一個星期之後，絕大部分的病雞得以痊癒。而沒有服用乳酸菌的雞有一半以上死去。

在另外一項實驗中，姜思旭教授發現乳酸菌培養液對預防人體流感病毒有一定的功效。他們發現，經過泡菜乳酸液處理後，人體對流感病毒的抵抗能力增加了百分之一。

這項研究引起了國際社會普遍的關注。英國國家廣播公司（BBC）率先報導之後，包括美國廣播公司（ABC）、南卡羅萊納州《國家報》（The State）和《默特爾海灘太陽新聞報》（Myrtle Beach Sun News）等一百多家美國媒體，也先後報導了韓國泡菜的治療效果。

食醋

食醋是一種重要的調味品，它是用米、麥、高粱、酒糟等食物經過發酵釀製成的酸味液體。醋中的酸味主要來源於穀物發酵後產生的醋酸。除此之外，醋中還含有乳酸、琥珀酸、檸檬酸、葡萄酸、蘋果酸等有機酸，因此好醋的醇香四溢。

食醋的功效也被人們普遍認可，比如它具有軟化血管、養顏、降血脂等作用。經科學研究得知，食醋之所以具有以上功效，要歸功於其中的醋酸桿菌（一種益生菌）。所以說，食醋是一種天然的益生菌。

不過要注意一點：按照食醋的生產方法，食醋可分為釀造醋和人工合成醋。釀造醋是以糧食為原料，通過微生物發酵釀造而成。人工合成醋是以食用醋酸，添加水、酸味劑、調味料、香料、食用色素而成。最好要選擇天然釀造醋。

益生元——益生菌的天堂

益生元不是益生菌，卻是益生菌的天堂。它是一種對宿主可產生有益效果的、不被消化的食品成分，以選擇性的地刺激一種或有限數量的益生菌的生長

和增殖，提升宿主的健康。益生元應具備以下四個條件：

(1) 在腸胃道的上部既不能水解，也不能被宿主吸收；

(2) 只能選擇性地對腸內的有益菌（雙歧桿菌等）有刺激生長繁殖或啟動代謝功能的作用；

(3) 能夠提高腸內有益於健康的優勢菌群的構成和數量；

(4) 能引發增強宿主機體健康的作用。

常見的益生元有：果寡醣、大豆寡醣、異麥芽寡醣、乳果寡醣、半乳糖寡醣、甘露寡醣、龍膽寡醣、木寡糖、菊糖等。這些寡糖作為雙歧桿菌增殖因子，不僅具有許多生理活性功能，而且由於寡醣的性質與蔗糖近似，但熱量和甜度比蔗糖低，可部分代替蔗糖應用於食品工業，開發具有保健功能的各類食品，如：乳製品（乳粉、豆乳粉、發酵乳、乳酸菌飲料）、飲料、冷凍食品、

麵包、點心等。

千萬不要被這些生疏的名詞嚇倒。其實，益生元廣泛地存在於天然食品中。以典型而為人熟知的益生元——菊糖和果寡醣為例，它們廣泛存在於三萬六千種天然植物中。菊糖在某些日常使用的植物中含量較高，如牛蒡、韭菜、洋蔥、大蒜、菊筍、朝鮮薊等。

人類日常飲食中有兩類食物含有天然的益生元：食物纖維和寡醣。

食物纖維

食物纖維是存在於食物中的一類不能為人體所利用的物質，但這些物質能夠促進雙歧桿菌的繁殖。富含食物纖維的食品有穀類（大麥、麥糠、黑麵包、水果蛋糕等）、水果蔬菜類（香蕉、蘋果、無花果、草莓、四季豆、胡蘿蔔、蘑菇、菠菜、芹菜等）、堅果類（杏仁、栗子、花生、核桃等）和根莖類（芋

頭、地瓜、馬鈴薯）等。

食物纖維並不含有一般意義上的營養（脂肪、蛋白質、維生素、礦物質、碳水化合物），所以很長時間以來它並不受重視。但是，近十幾年以來，食物纖維的功效開始日益受到人們的重視，被稱為「第七營養素」。

食物纖維不僅可以作為益生菌的食物，改善腸道菌群平衡，還有一些其他的功效：

1. 食物纖維可以吸收並降低體內的膽固醇，降低心臟病發作的危險。

血液中的膽固醇增加是當今世界頭號殺手——心臟病的主要誘因之一。攝入食物纖維可以吸附腸內的膽固醇，阻止腸道對膽固醇的吸收，這樣就可以降低血液中的膽固醇含量，減少心臟病發作的危險。其中以果膠為代表的水溶性纖維可以減少LDL（低密度脂蛋白，不好的膽固醇），而對HDL（高密度脂蛋白，好的膽固醇）則不會有影響。

2. 食物纖維可以吸收膽酸，讓腸道遠離致癌物。

在小腸中，膽酸可以幫助消化脂肪，完成消化後被重新收回。但多餘的膽酸會在腸道內有害細菌的作用下生成二次膽汁酸，這是一種很強的致癌物。攝入食物纖維可以讓人體遠離這種致癌物。

3. 降低大腸癌的發病率。

如果小腸中的膽酸被植物纖維吸收，返回肝臟的膽酸就會減少，肝臟會將組織中的膽固醇吸收回來，作為製造膽酸的材料。因此，食物纖維在降低膽固醇的同時，還可以增加排便量，進而稀釋糞便中的致癌物，縮短致癌物在體內積存的時間，有效預防大腸癌。

若干動物實驗證實，食物纖維攝入的數量愈少，罹患直腸癌的機率愈大。

4. 緩解小腸吸收營養，延遲血糖值上升，預防糖尿病。

攝入食物纖維，可以延長食物在胃中停留的時間，也就延遲了小腸對澱粉的消化和吸收，而澱粉的消化物就是葡萄糖，這使得血糖增加延緩，控制血糖增高的胰島素的分泌也相應減少，得以預防糖尿病。

寡醣

寡醣（又稱非消化性寡醣）是一類由二至十個單糖通過醣苷（甘）鍵聚合在一起的物質，具有不被人體消化、僅被腸道有益菌利用的性質。寡醣可由天然食品製成，如大豆、牛奶、胡蘿蔔等，也可經化學合成，還能通過微生物合成。

根據寡醣的來源，可以分為以下幾種：

果寡醣　存在於一些天然食物中，如牛蒡、洋蔥、大蒜等蔬菜中，是一種難以被消化分解的低熱量甜味物質。它有促進雙乳酸桿菌（益生菌）繁殖，改善便秘和高血脂症的效果。

大豆寡醣　大豆中含有的各種寡醣的總稱，是從大豆蛋白質被利用之後的殘渣中提取出來的。

乳寡醣　母乳中含有的寡醣，是將乳糖進行處理後生成的。它能夠促進雙歧乳桿菌的增殖，具有整腸和幫助蛋白質消化和吸收的作用。

蔗醣　一種在大醬、醬油、清酒和蜂蜜中含有的寡醣。它具有耐熱耐酸、防腐性等特點。

寡醣的特點是低熱量、有甜味，因此多用於糖尿病食品和減肥食品中。而寡醣的這一特點也是益生菌所喜愛的。並且，多數寡醣都不能為人體的消化酶所消化，未經分解就直接進入大腸，成為腸道益生菌的「大餐」。

寡醣的保健和醫療作用也日益被科學研究證實。

日本研究者對健康人進行研究，讓其每天食用寡醣（蔗醣）十五克，十天後，其糞便中的雙歧桿菌由百分之十五增至百分之二十七，老年人糞便中的雙歧桿菌由百分之三增至百分之二十。還有研究者給病人每天食用八克果寡醣，二週後，病人糞便中的雙歧桿菌增加了十倍，且腐敗菌、有害菌明顯下降，血脂、膽固醇也明顯下降。

英國雷丁大學的吉布森教授讓受試者每天服用十五克的純果寡醣粉末、菊糖和安慰劑，進行了為期二週的觀察。結果顯示，攝入果寡醣和菊糖可使體內雙歧桿菌的數量明顯增長，而潛在的病原菌和擬桿菌等有害物卻明顯減少，乳桿菌也有增加的趨勢。由此可見，菊糖和果寡醣等益生元通過促進雙歧桿菌或其他益生菌在人體內的繁殖和增長，可間接清除有害細菌的作用。

益生元的提取方法

我們可以在自然界中提取一些有益於益生菌增殖的活性成分，這是發現益生元的基本途徑。

下面列舉幾種：

1. 從動物肝臟和胰臟中提取。將動物胰臟攪碎後用木瓜蛋白酶處理，保持適當的溫度（攝氏五十度），用偏酸性（酸鹼值為五．七左右）的反應液煮沸後過濾，濾液濃縮後即成。
2. 從大豆中提取。將大豆製成豆乳，然後用乳磷酸和鹽酸將蛋白質凝固，在上清液中加入氯化鈣，同時加熱除去沉澱物，然後用紗布過濾，非過濾成分即為大豆寡醣活性成分。
3. 從胡蘿蔔中提取。用甲醇抽取胡蘿蔔粉，可以從提取液中獲得五種活性成分。

4. 從牛奶中提取。將牛奶溫度保持在攝氏四十五度，經胃蛋白酶和鹽酸攪拌處理三小時，再煮沸十五分鐘，冷卻後過濾沉澱物烘乾即成。

具有益生元功效的天然食物

某些天然的植物和中草藥的提取物，也能促進腸內有益菌群的生長，具有調解腸胃功能的作用，它們都是具有益生元功效的天然食物。

有研究發現，某種產自紐西蘭的純正蜂蜜產品中含有天然的寡醣成分，可以有效刺激體內益生菌的生長。經由動物實驗和臨床研究發現，某些中草藥如人參、黨參、靈芝、阿膠、枸杞、茯苓等具有調節腸道菌群平衡、增加定植抵抗力的作用，這些都有類似益生元的功效。

中國歷史上最長壽的人——李青云的故事也說明了中藥食材的功效。他的養生秘方就是，平生只吃三種食物：枸杞、人參、何首烏。

李青云的故事

李青云被認為是幾個世紀以來最長壽的人。在他二百五十六歲去世的時候，《倫敦時報》（一九三三年五月八日）報導了他的死訊。

李青云是中國著名的學者和中草藥醫生。他花了一百年時間研究和收集野草藥。在餘生他主要給人們講授草藥和長壽知識。在二百五十歲的時候，他還能給幾千名大學生講好幾個小時的長生之術。

平時在生活中，他只吃三種植物。一種是一種漿果，俗稱枸杞。有報導稱，李青云教授在五十歲的時候就開始每天喝枸杞茶。有趣的是，認識他的人說他二百多歲的時候看起來還像五十歲。

另外兩種植物是人參和何首烏。李青云比較推崇高麗參，因為高麗參性熱。高麗參有治病作用，但是不建議每天都吃。

下面是李青云自己的一些敘述資料：

當我一百三十九歲的時候，在遇見我的師傅之前，我還能健步行走，好像在練中國武術，以至於有些人以為我是神，或是一個什麼修功德的劍客。當時我也覺得很驚奇，我想我活得這麼久而且還這麼健康的原因是我從四十歲之後一直都心平氣和。我的心情非常平靜。這就是我不生病，而且健康快樂的原因。

在我五十歲的時候，我去山上採藥，碰到一個隱居在山上的老人。他看起來跟常人一樣，但是他走路的時候都是大踏步走，就像踩著空氣走路一樣。不管我多努力，還是跟不上他的步伐。後來我又碰到他，我跪在他面前，討教其中的秘密。他給了我一些野果，說：「唯一的秘密就是我只吃這些果子。」後來我吃了一些，發現這就是中國的薄葉西方雪果。從那以後每天吃三錢這種果子，變得也更健康和敏捷了。我能走一百里路，而且不會感到累。我比一般人感覺更有力氣，更有精神。

……

李青云的故事現在已無確切的證據，也沒法進行科學考證。但是，科學家已經發現了枸杞具備很多其他食物不具備的益處，也許等科學進步了，就會發現更多東西。

枸杞

枸杞是西藏人給這種野果取的通用名，一個品種大概有八十種不同的變種。枸杞之王在西藏，是經過雪水滋潤的。其他所有品種的枸杞都來源於這種枸杞。

枸杞在藏藥裡已經使用了數個世紀。這種植物長得跟葡萄蔓一樣，大概有四點八公尺長。在其果實還沒有熟的時候，手不能碰，因為果實氧化之後就會變黑。因此採收果實一般是把它們搖到一個大墊子上，然後陰乾，或者是戴著

手套採摘。

枸杞在傳統的亞洲藥物裡佔有非常重要的地位。很久以來，其營養價值一直是個謎。但是現在科學已經發現了枸杞果的營養成分：

枸杞果含有十九種氨基酸成分，其中八種是人體必需的。

枸杞果含有二十一種微量元素，包括鍺——食物中很少見的抗癌微量礦物質。

枸杞果比全麥中含有更多的蛋白質（其中百分之十三以氨基酸的形式存在）。

枸杞果含有抗氧化的類胡蘿蔔素，如β胡蘿蔔素（比胡蘿蔔中所含的更豐富）、玉米黃質（具有護眼功效）。枸杞果是所有食物中含類胡蘿蔔素最豐富的。

枸杞果富含維生素C、維生素B群、維生素E。

枸杞果含有一種抗發炎的介質——β-谷甾醇（β-sitosterol）。這種物質可以降低膽固醇，用於治療性無能和前列腺病。

枸杞果含有人體必需的脂肪酸，以維持荷爾蒙系統、大腦和神經系統的正常運轉。

枸杞果含有一種混合物——香附酮，它對心臟和血壓很有好處，可以緩解經痛，用於治療子宮頸癌。

枸杞果含有一種很強的抗真菌和抗菌混合物——Solavetivone（一種特殊的氨基酸）。

枸杞果含有一種天然的混合物——酸漿果紅素，對於對抗大多數白血病具活躍效果。

枸杞果中含有甜菜鹼，可以緩解緊張，增強記憶力，促進肌肉發育，預防脂肪肝。甜菜鹼為身體提供甲基群，減少高半胱氨酸的量，減少了心臟病的一個主要風險因素，還能保護DNA。

枸杞果含有多寡醣，它可以增強免疫系統，是一種天生的抗衰老荷爾蒙。

枸杞果含有非常多的抗氧化劑。抗氧化劑可以防止自由基的生成，增強免疫系統，延緩衰老。

在外蒙古、中國、日本和瑞士，都有科學家在實驗把枸杞汁當作一種抗癌物。這種物質在枸杞果和枸杞葉中都有，能殺死很多癌細胞。

許多實驗和臨床研究發現，枸杞汁含有原生態鍺，而鍺有抗癌作用。鍺能促發人體干擾素的產生，而干擾素可以壓制和殺死癌細胞。鍺還能接收以癌細胞中分離出來的氫離子。沒有了氫離子，癌細胞就難以存活。日本的研究者指出，原生鍺與其他藥物配合使用，對肝癌、肺癌、子宮癌、子宮頸癌、睪丸癌很有效。

在幾個針對老年人的研究組中，所有參與實驗的人都是一天一次，堅持吃三週的枸杞果，實驗產生了很多有益的結果。百分之六十七的病人的轉變功能增加了二倍，病人的二號間白素增加了一倍。除此之外，所有病人的精神氣色都好了很多，百分之九十五的病人胃口改善了，百分之九十五的病人睡眠變好了，百分之三十五的病人的恢復性生活。而且，實驗顯示，枸杞果絕對沒有毒性。

人參

人參是一種名貴的藥材。隨著科學的不斷發展，現在已分析出人參中所含的各種成分達三百餘種。其中最主要的成分為人蔘皂苷、二十多種氨基酸、多種活性多肽、一百三十餘種揮發性成分、維生素、微量元素、有機酸、活性酶、甾醇和糖類等物質，其中大部分均有不同的生物活性和藥用價值。

按照傳統中醫的理論，人參具有三大功效：(1) 大補元氣，用於氣虛欲脫

的重症—表現為氣息微弱、呼吸短促、肢冷汗出、脈搏微弱等；(2)補肺益氣，用於肺氣不足、氣短喘促、少氣乏力、體質虛弱；(3)益陰生津，治療津氣兩傷、熱病汗後傷津耗氣。

近年來西方醫學界對人參的藥理作用的研究愈來愈多，歸納起來有以下幾點：

1. 人參能加強大腦皮質的興奮和抑制過程，使二者得到平衡，使造成紊亂的神經過程得以恢復。人參對中樞神經系統有鎮靜作用，對很多興奮藥有對抗作用，並能減輕中樞抑制藥的抑制作用。人參皂苷對中樞神經有鎮靜作用，小劑量人參皂苷主要表現為興奮作用，過大劑量則轉為抗抑制作用。

2. 人參能提高人的腦力和體力，消除疲勞。可改善老年人的大腦功能，特別在注意力集中及長時間思考能力方面的改善。人參對智力、記憶力減退及思維遲鈍有興奮作用。

3. 人參能增強機體對有害刺激的防禦能力，加強機體適應性。有人稱之為「適應原」作用。人參可以使失血性休克患者血壓回升，又可使高血壓患者恢復正常血壓；既能阻止既能阻止腎上皮促素（AG-TH）引起腎上腺肥大，又可阻止可體松引起腎上腺萎縮；既能降低飲食性的高血糖，又能提升胰島素引起的低血糖。

4. 人參能增強機體免疫功能，防止多種原因引起的細胞數量減少，並能增強網狀內皮系統的吞噬能力。人參還可提高健康人體內的淋巴細胞轉化率和紅血球蛋白的含量，改善機體免疫功能。

5. 人參浸劑可以增強心臟的收縮力，影響血壓。人參能刺激血管收縮和擴張，少量可使血管收縮，大量可使血管擴張。使用一定劑量的人參可以調整血壓、抗休克、增強心臟功能。

6. 人參有興奮腎上腺皮質的作用，換言之，適量的人參能使垂體——腎上腺皮質系統興奮起來，使其功能增強。人參有促進性腺的作用，對雄

性、雌性動物都具有性激素和促性激素作用。

7. 人參蛋白合成促進因子，能促進蛋白質、DNA、RNA 的生物合成，提高 RNA 多聚酶的活性，提高血清蛋白合成率，增加蛋白質、紅血球蛋白含量，促進骨髓細胞的分裂。

靈芝

靈芝是一種傳統的中藥，中國古代將靈芝作為「可起死回生的仙草」，並有不少神奇的傳說。現代醫學研究的成果揭開了靈芝神秘的面紗。

研究表明，靈芝含有數千種對人體有益的成分，歸納起來主要是甾醇類、三帖類、生物鹼、多醣類、氨基酸多肽。此外，靈芝還有對人體有益的鋅、錳、鐵、鍺等微量元素，特別是其中的有機鍺有很好的抗衰老作用。

靈芝中的多醣就是一種益生元。靈芝多醣能顯著促進細胞核內DNA的合成能力，提高機體免疫力，提高肝臟、骨髓、血液合成DNA、RNA和蛋白質的能力。它還可增加細胞的分裂代數，延緩機體的衰老，延長壽命。

動物實驗結果顯示，靈芝對神經系統有抑制作用，對循環系統有降壓和加強心臟收縮力的作用，對呼吸系統有祛痰作用。此外，靈芝還有護肝、提高免疫功能、抗菌等作用。

八正文化好書推薦　健康・養生

致命的吸飲力

南西・艾波頓 、G・N・賈可伯斯 / 著
鄭淑芬 / 譯

你喝的不只是飲料，而是「癮」料！營養保健暢銷書《甜死你》作者南西．艾波頓博士又一力作告訴你飲料產業如何透過成分、行銷和遊說手段讓你對飲料瘋狂上癮、無法自拔，為廠商賺進大把鈔票，卻賠上自己的健康！

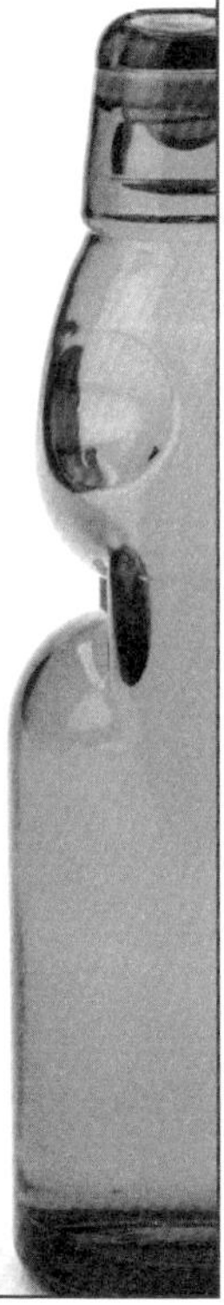

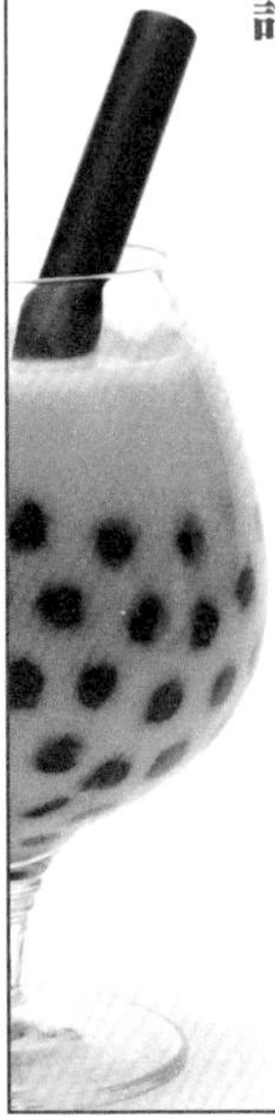

為了自己的健康，也為了下一代的孩童，
請正視飲料成癮與危害身心的問題！

閱讀本書，你將了解：

◎體內平衡對健康的重要性，以及糖對身體的危害
◎毫無營養的糖水如何變成行銷全球的明星商品
◎喝下飲料時，究竟是把哪些添加物送進自己的身體
◎最常添加這些有害成分的飲料類型
◎許多致命疾病、健康問題與含糖飲料之間的關連
◎飲料中含有哪些成癮物質
◎飲料業者舖天蓋地、令人無法抗拒的行銷手法
◎遠離飲料危害的可行辦法

呂文智中醫診所院長　呂文智中醫師
高醫師家醫科診所院長　高有志醫師
整合醫學養生排毒專家　陳立川博士
～聯合推薦～

八正文化好書推薦　健康・養生

人生立命，全在腎陽，養足腎陽千年壽

養生要養腎陽

北京著名中醫養生專家　薛永東／著
中華民國傳統醫學會理事　呂文智中醫師／審訂推薦

作者以深厚的學養和數十年行醫經驗，為現代人解釋何謂腎陽、腎陽之於人體的重要性，詳述腎陽與腎陰、腎陽與五臟六腑的關係，並搭配實際診療案例，說明日常生活中如何透過食物的調養、情緒的撫慰、經絡的按摩以及簡單的運動，輕輕鬆鬆達到補腎養陽、青春健康及延年益壽的效果！

◎現代男女都要看的補腎書！

別笑！女人也有「腎虛」的問題！皮膚乾澀、頭髮毛躁、痘痘、眼泡、黑眼圈和惱人的肥胖問題，很可能都是腎虛引起的！
男性朋友，請正視「補腎」的需要！補腎不等於壯陽！現代男性工作壓力大，容易造成夜尿頻多、精神倦怠、腰酸腿軟、失眠健忘、胸悶氣短或記憶力衰退等「腎虛」症狀。

◎超實用日常生活補腎法搶先看！

★ 養腎食譜：提供多道美味食譜，從每天的飲食中滋養腎陽！
★ 益腎茶飲：建議多種茶飲及甜品，在辦公室中也能輕鬆補腎！
★ 強腎運動：簡單易做的溫腎運動及功法，強身健體不生病！
★ 補腎按摩：透過經絡穴道的按摩，空閒時間隨時補腎兼去脂！

歡迎進入 Facebook：「養生要養腎陽」
一同分享養生之道

八正文化好書推薦

健康・養生

無上命令：
實踐飯水分離陰陽飲食法

李祥文 / 著
張琪惠 / 譯

顛覆東西方營養概念
創造自然療癒的奇蹟

繼全球銷售逾百萬的《飯水分離陰陽飲食法》後
五十年來反覆親身實驗此養生法
協助近萬名癌症病患神奇復原的作者李祥文
再一石破天驚、震撼人心的養生著作！

實踐生命之法「飯水分離陰陽飲食法」，見證身心全面健康奇蹟！

◎疾病自癒
啓動強大的身體自然治癒力，遠離傳染病、慢性病、癌症、精神疾病、不孕症等各種現代醫學束手無策的疾病。

◎健康提昇
淨化體質，氣血通暢，達到真正的健康，體重自然下降，皮膚自然光滑有光澤，氣色自然紅潤，全身散發青春活力。

◎身心轉化
體內細胞自在安定，心靈也同時變得明亮透澈，內心更加充實、平和、喜樂；長期實踐，達到真正身、心、靈合一。

八正文化好書推薦　健康．養生

增訂二版
飯水分離陰陽飲食法

李祥文 / 著　　張琪惠 / 譯

打破營養學說的侷限，
超越醫學理論的視野，
解開生命法則、創造生命奇蹟，
21世紀全新的飲食修煉

啟動活化細胞密碼，從飯水分離開始

—羽田氏　瑜伽師　推薦

站在宇宙的高度，和大自然一起吐納
依循飯水分離陰陽飲食法，
大家都可以成為「自己的醫生」

隨書附贈全彩版「飯水分離健康手冊」，讓我們一起，把健康傳出去！

只要將吃飯、喝水分開，不但能治癒各種疾病，
還能減肥、皮膚變好、變年輕漂亮，重獲全新的生命！
身體配合宇宙法則進食、喝水，就能啓動細胞無窮的再生能力，
實踐後，每個人都能體驗到飯水分離陰陽飲食法的健康奇蹟！

國家圖書館出版品預行編目資料

益生菌是最好的藥／馬克・A・布魯奈克（Mark A. Brudnak）著；王麗譯. -- 增訂一版. -- 臺北市：八正文化, 2016.07

面；　公分

譯自：The probiotic solution

ISBN 978-986-93001-2-4（平裝）

1. 乳酸菌　2. 健康法

369.417　105009928

【最新增訂版】

益生菌是最好的藥

定價：280

作　　者　Dr. Mark A. Brudnak
譯　　者　王麗
封面設計　陳栩椿
印　　刷　松霖彩色印刷事業有限公司
版　　次　2016 年 8 月增訂一版二刷
發 行 人　陳昭川
出 版 社　八正文化有限公司
108 台北市萬大路 27 號 2 樓
TEL/ (02) 2336-1496
FAX/ (02) 2336-1493
登 記 證　北市商一字第 09500756 號
總 經 銷　創智文化有限公司
23674 新北市土城區忠承路 89 號 6 樓
TEL/ (02) 2268-3489
FAX/ (02) 2269-6560